U0296939

防火防爆技术

主　编　　张艳艳　　孙　辉　　陈　晨
副主编　　游成旭　　祝　超

西南交通大学出版社
·成　都·

图书在版编目（CIP）数据

防火防爆技术 / 张艳艳，孙辉，陈晨主编. —成都：
西南交通大学出版社，2019.6（2024.6 重印）
高等职业技术教育"十三五"规划教材. 安全技术类
ISBN 978-7-5643-6931-6

Ⅰ. ①防… Ⅱ. ①张… ②孙… ③陈… Ⅲ. ①防火 –
高等职业教育 – 教材②防爆 – 高等职业教育 – 教材 Ⅳ.
①X932

中国版本图书馆 CIP 数据核字（2019）第 118612 号

防火防爆技术

主编　张艳艳　孙　辉　陈　晨

责任编辑	杨　勇
助理编辑	赵永铭
封面设计	何东琳设计工作室

出版发行	西南交通大学出版社
	（四川省成都市二环路北一段 111 号
	西南交通大学创新大厦 21 楼）
邮政编码	610031
发行部电话	028-87600564　028-87600533
网址	http://www.xnjdcbs.com
印刷	四川森林印务有限责任公司

成品尺寸	185 mm×260 mm
印张	12
字数	298 千
版次	2019 年 6 月第 1 版
印次	2024 年 6 月第 6 次
定价	36.00 元
书号	ISBN 978-7-5643-6931-6

课件咨询电话：028-81435775

图书如有印装质量问题　本社负责退换
版权所有　盗版必究　举报电话：028-87600562

·前 言·

　　"防火防爆技术"是一门理论性和实践性都很强的课程，属于安全类专业核心课程，本书根据高等职业学校安全技术管理专业教学标准编写。教材编写针对高职高专教学特点，力求理论体系完整，表达方式通俗易懂，突出实践能力培养。

　　全书根据防火防爆现代理论和技术的发展趋势，紧扣工业防火防爆工作实际，结合最新法规和技术标准，系统阐述了燃烧与爆炸的基本原理、防火防爆的基本技术与措施，专题介绍了建筑防火设计的要求。为增加防火防爆技术课程的实践性，本书针对防火防爆技术内容设计了四个专项技能实训项目。

　　本书由重庆安全技术职业学院张艳艳、孙辉、陈晨担任主编，重庆安全技术职业学院游成旭、江苏安全技术职业学院祝超担任副主编，课题一和课题二由张艳艳编写，课题五和课题六由孙辉编写，课题四和课题七由陈晨编写，课题三由游成旭编写，绪论由祝超编写，全书由张艳艳统稿。

　　本书可作为高等院校安全类专业的教学用书，也可作为建筑、消防等专业的参考教材及工程设计、施工等工程技术及管理人员的参考用书。

　　限于编者水平，书中难免存在不足之处，恳请读者和专家批评指正。

编　者

2019 年 1 月

· 目 录 ·

绪　论

【学习目标】

了解火灾与爆炸事故的特点以及发生原因；了解本课程的研究意义和主要研究内容；熟悉本课程所使用的法规名称。

【知识储备】

一、火灾与爆炸

火灾是指在时间或空间上失去控制的灾害性燃烧现象。爆炸是在极短时间内便释放出大量能量的一种破坏性极强的现象。在人类各种灾害事件中，火灾、爆炸事故是最经常、最普遍地威胁公众安全和社会发展的主要灾害之一，涉及范围非常广。随着社会的持续进步和城镇化的加速发展，火灾与爆炸事故在人类的日常生产活动中出现的频率不断攀升。2003—2012 年，我国年均发生火灾 18 万起，导致 1 698 人死亡，1 426 人受伤，直接财产损失 16.26 亿元。火灾与爆炸事故不仅能造成人员伤亡，导致经济损失，还会破坏生态平衡，引发环境污染。

火对人类的贡献极大，人类在火光的照耀下，逐渐摆脱了黑暗和寒冷，摆脱了愚昧和野蛮，人们利用火，吃上了熟食，可以说学会用火是人类跨入文明世界的一个重要标志。后来，火的使用逐渐从生活扩展到生产，如：酿造业、制陶业、冶金业，这些生产大大提高了人类的文明程度；直到今天，我们的生活和生产都离不开火，火对于人类的贡献是其他任何事物都难以比拟的。然而，"火，善用之则为福，不善用之则为祸"。火在给人类带来光明和福祉的同时，也带来了灾难和痛苦。

2017 年 2 月 16 日 6 时 5 分，淮南市经济技术开发区国际汽配城某号楼发生一起火灾事故，导致 4 人死亡，1 人受伤。2017 年 2 月 16 日 23 时许福建漳州一摩托车维修店失火致 6 死 2 伤。2017 年 2 月 17 日 11 时 30 分左右，河北承德市市区一路段发生爆炸，造成 2 名 KTV 员工受伤。2017 年 2 月 27 日，湖南省汨罗市白塘镇木屯村发生一起鞭炮厂爆炸事故，致 4 死 2 伤。可以说人类使用火的历史与同火灾做斗争的历史是相伴相生的，人类的文明史，既是用火的历史，也是与火灾做斗争的历史。因此，人们需要不断总结火灾发生的规律，加强对火灾爆炸事故的理论研究，掌握专业的防火防爆技术，加强对火灾爆炸事故的控制，具有很重要的意义。

二、火灾爆炸事故特点

火灾与爆炸事故的发生通常伴随有以下几个特点：

（1）火灾起因多。

引起火灾爆炸事故的原因有可燃物、点火源。自然界存在的可燃物的种类很多，特别是化工企业的原材料、中间产物等大多属于可燃物。点火源的类别更加多样，包括明火、雷电、撞击摩擦、电气火花、静电放电、日光照射、高温表面、热辐射、化学自反应热等。各种物质夹杂在一起，使得发生火灾的起因较多，调查时困难重重。

（2）事故发展快。

很多火灾爆炸事故都是在人们始料未及的情况下突然发生的，而且往往来势凶猛，发展迅速。尤其是爆炸事故，往往在几秒钟之内就将大量的压力释放，瞬时性极强，产生大范围的破坏作用。因此人们对发生的灾害必须快速做出反应，一旦反应迟缓就可能会遭受巨大损失。

（3）后果严重。

火灾的发生会造成非常严重的人员伤亡和财产损失，如产生的高温不仅会使人员心率加快、人体大量出汗，很快出现疲劳和脱水现象，还会直接把人烧伤烧死。而且火灾会造成建筑物或设备的结构损坏，支撑能力下降，也可能会造成触电、坍塌等其他事故。

（4）产生有毒有害物。

火灾发生时由于可燃物的燃烧常会伴随产生大量的有毒有害气体，如 CO、SO_2、NO 等，且由于燃烧过程中消耗了大量的氧气，人长时间在这种低氧的环境中，就会造成呼吸障碍，失去理智，甚至窒息死亡。

三、火灾爆炸的主要原因

通过对火灾爆炸事故原因分析，主要有以下 4 个方面的原因。

（1）人的因素。

对大量火灾爆炸事故调查，发现不少事故是人员违章操作、不负责任、思想麻痹、缺乏有关的科学知识，以及安全素质较低造成的。

（2）设备原因。

例如：选用的设备不符合防火防爆要求、设备上缺乏必要的安全防护装置等。

（3）环境原因。

例如：场所通风不良引起可燃物浓度累积、雷击、潮湿等。

（4）管理原因。

例如：没有合理的安全操作规程、规章制度不完善，以及设备维护检修制度不健全、责任制不落实等。

四、防火防爆技术研究意义

1. 经济的高速发展提出了新的挑战

随着城市化的加速发展，大量人口从世界各地涌入中心城市，高层建筑、超高层建筑比比皆是，同时大型商场、娱乐场所等配套设施也都不断建设完成，这里集中了大量的人口和财富。而这些建筑的高度和内部结构的复杂使人们在享受生活便利的同时，在安全疏散以及应急等方面存在很大的问题，一旦发生火灾将会产生灾难性后果。

在现代工业生产中，生产企业为减少投资、提高效益和产量，促进了装置的大型化。尤其是大型石油化工企业，往往具有生产综合化、产品多样化、装置规模大型化、生产工艺参数控制要求高等特点。生产规模大型化后，对工艺设备的处理能力、材质和工艺参数要求更高，许多工艺过程都采用了高温、高压、高真空、高空速、深冷等工艺控制高参数，使生产操作更为严格、困难，同时也增大了产生火灾的危险性。

因此生产和生活方式的这种变化，对防火与防爆技术提出了新的挑战。传统的防火防爆技术已经难以满足新形势的要求，必须加强防火防爆新技术与新措施的研究，从而更有效地预防和减少火灾与爆炸事故。

2. 防火防爆技术是预防和减少火灾爆炸事故的重要途径

发展生产、兴建公共设施的目的是不断提高人民物质文化生活水平，满足人民需要。如果只顾生产，只重视经济效益，忽视消防安全，甚至在不具备消防安全条件下，盲目生产，致使火灾与爆炸事故不断发生，造成财产损失、人员伤亡、环境污染，这就完全背离最初的目的。

火灾与爆炸事故给国家经济建设和人民生命安全带来严重威胁。预防和减少火灾与爆炸事故的发生，是广大安全工作者的重要任务。通过研究防火防爆技术，不断提高防火防爆能力，创新防火防爆措施，是预防和减少火灾与爆炸事故的重要途径。一个国家和地区的防火防爆技术，标志着政府对消防安全的重视程度，也代表其科学技术的水平。如一种新的阻燃涂料的出现，可以将钢材的耐火极限提高数倍；一种新型阻燃技术可以保证"神六"飞船安全上天。先进的自动灭火设施，可以保证石油化工连续生产，将火灾发生率降低 10 倍。

只有高度重视防火防爆工作，加强防火与防爆技术的研究，有效降低火灾与爆炸事故的发生，才能保证经济建设又好又快地发展，保证人民安居乐业。

五、课程研究内容

本课程以建筑和工业企业防火防爆技术为主要研究对象，主要研究内容如下：

（1）燃烧原理。主要研究：燃烧本质、燃烧条件、燃烧形式、燃烧类型、燃烧特点、

（2）爆炸原理。主要研究：爆炸分类、爆炸极限、粉尘爆炸。

（3）防火技术措施。主要研究：防火安全设计、火灾危险性类别判定、建筑分类与耐火极限、防火分隔、安全疏散、灭火器配置、消火栓系统等灭火系统。

（4）防爆技术理论。主要研究：防爆技术理论、防爆技术措施、防爆安全装置设计等。

（5）电气防火防爆。主要研究：电气线路的防火防爆、常用电气设备的防火技术、火灾爆炸危险场所电气设备的选用。

（6）典型危险场所的防火与防爆。内容包括石油化工企业防火与防爆、汽车生产企业涂装作业防火与防爆、加油站主要作业防火与防爆、天然气长输管道的防火与防爆，以及其他危险场所的防火与防爆（油库、气瓶库、焊割动火场所、服装厂等重点部位）。

六、常用法规

防火防爆是消防工作的一个重要组成部分，为了更好地开展防火防爆工作必须了解和掌握与此相关的消防法规。

（1）《中华人民共和国消防法》（简称《消防法》）。中华人民共和国主席令第六号《中华人民共和国消防法》已由中华人民共和国第十一届全国人民代表大会常务委员会第五次会议于 2008 年 10 月 28 日修订通过，自 2009 年 5 月 1 日起施行。《消防法》是指导全国消防工作的根本大法，对消防工作的方针、消防工作原则及全社会消防工作责任等诸多问题，都以法律形式做了规定。

（2）《危险化学品安全管理条例》。该条例是为加强危险化学品的安全管理，预防和减少危险化学品事故，保障人民群众生命财产安全，保护环境而制定的国家法规。

（3）《消防监督检查规定》（公安部 107 号令）、《机关、团体、企业、事业单位消防安全管理规定》（公安部 61 号令）等。

（4）《建筑设计防火规范》（GB 50016—2014），该规范适用于新建、扩建和改建建筑的防火防爆工作。对建筑的耐火等级、防火间距、防火分区、消防车道、消防设施、防烟排烟等方面做了详细的规定，对各类建筑防火防爆具有非常重要的意义。

（5）《石油化工企业设计防火规范》《石油库设计防火规范》等，这些规范是民用与工业建筑设施的防火设计依据。

【能力提升训练】

查阅资料《机关、团体、企业、事业单位消防安全管理规定》（公安部 61 号令）是何时正式实施的？包括了哪些内容？

【归纳总结提高】

1. 研究防火防爆技术有什么意义？
2. 当前我国火灾与爆炸事故有什么特点？

课题一　火灾基础知识

项目一　燃烧发生的条件

【学习目标】

熟悉燃烧的学说与理论的产生和发展；掌握燃烧发生的充分、必要条件，能够通过现实中的现象判断是否属于燃烧；了解燃烧与火灾的关系。

【知识储备】

燃烧是广泛存在于人类社会中的最常见的自然现象之一。在人类发展的历史长河中，火，燃尽了茹毛饮血的历史；火，点燃了现代社会的辉煌。正如传说中所说的那样，火是具备双重性格的"神"。火给人类带来文明进步、光明和温暖。但是，有时它是人类的朋友，有时却是人类的敌人。失去控制的火，就会给人类造成灾难。因此，人类想要进步就必须研究防火，而防火首先得了解燃烧。

一、燃烧学说的本质

按考古学的发现，人类最早使用火的时代可以追溯到距今 140 万～150 万年以前。在古希腊的神话中，火是神的贡献，是普罗米修斯为了拯救人类，从天上偷来的。在我国，燧人氏钻木取火的故事更为感人，也更为贴合实际。但这些离火的本质相距甚远。

燃烧的理论较多，如燃素学说、燃烧氧化学说、燃烧分子碰撞理论、活化能理论、过氧化物理论、着火热理论、链锁反应理论等。但是，目前人们所用的是 1777 年由法国科学家拉瓦锡（A. L. Lavoisier）在英国科学家普里斯特利实验的基础上重复大量实验之后提出的氧化学说。

1772 年 9 月，拉瓦锡开始对燃烧现象进行研究。在这以前，波义耳曾对几种金属进行过煅烧实验，他认为金属在煅烧后的增重是因为存在火微粒，在煅烧中，火微粒穿过器壁而与金属结合，即：金属＋火微粒→金属灰。1774 年，拉瓦锡重做了波义耳关于煅烧金属的实验。他将已知重量的锡放入曲颈瓶中，密封后称其总重量。然后经过充分加热使锡灰化。待冷却后，称其总重量，确认其总重量没有变化。尔后在曲颈瓶上穿一小孔，发现瓶外空气带着响声冲进瓶内，再称其总重量和金属灰的重量，发现总重量增加的值恰好等于锡变成锡灰后的增重。拉瓦锡又对铅、铁等金属进行了同样的煅烧实验，得到相同的结论。由此拉瓦锡认为燃烧金属的增重是金属与空气的一部分相结合的结果，否定了波义耳的火微粒之说。那么，与金属相结合的空气成分又是什么？1775 年末，普利斯特列发表了关于氧元素（他命名为脱燃素空气）的论文后，拉瓦锡恍然大悟，原来这种特殊物质是一种新的气体元素。随后，他对这种新的气体元素的性质进行了认真的考察，确认这种元素除了助燃、助呼吸外，还能与许多非金属物质结合生成各种酸，为此他把这种元素命名为酸素，现在氧元素的化学符号 O 就是来源于希腊文酸素：oxygene。对氧气做系统研究后，拉瓦锡明确地指出：空气本身不是元素，而是混合物，它主要由氧气和氮气组成。1778 年他进而提出，燃烧过程在任何情况下，都是可燃物质与氧的化合，可燃物质在燃烧过程中吸收了氧而增重。所谓的燃素实际上是不存在的。拉瓦锡关于燃烧的氧化学说终于使人们认清了燃烧的本质，并从此取代了燃素学说，统一地解释了许多化学反应的实验事实，为化学发展奠定了重要的基础。

1789 年拉瓦锡完成了他的具有划时代意义的名著——《化学纲要》一书。拉瓦锡在书中详细描述了氧化学说的实验依据，系统阐明了氧化学说的科学理论，重新解释了各种化学现象，明确了化学研究的目标，认为化学应该是以自然界的各种物体为实验对象，旨在分解它们，以便对构成这些物体的各种物质进行单独的检验。他还发展了波义耳的元素概念，并依此提出了包括 33 种元素的化学史上第一张真正的化学元素表，还依照新的化学命名法对化学物质进行了系统命名和分类。书中还以充分的实验根据明确阐述了质量守恒定律，提出了化学方程式的雏形，并把质量守恒定律提到了一个作为整个化学定量研究基础的地位。

二、燃烧发生的必要条件

经过后续科学家的不断研究，指出燃烧是可燃物与氧化剂作用产生的放热反应，通常伴有火焰、发光和（或）发烟现象；简而言之，燃烧是一种放热、发光的化学反应。它服从于化学动力学、化学热力学定律以及质量守恒和能量守恒等基本定律，但其放热、发光、发烟等基本特征表明它不同于一般的氧化还原反应，根据这些特征，可以区别燃烧现象与其他氧化现象。

例如日常常见的灯泡中的钨丝通电后，会同时发光、放热，但这并不是一种燃烧现象，因为它没有发生化学反应。又如铁生锈，虽然发生了氧化反应放出热量，但放出的热量不足以使产物发光，所以也不是燃烧现象。而像煤、木炭点着后即发生碳、氢等元素的氧化反应，同时放热、发光、产生新物质，这就是一种燃烧现象。

燃烧的条件是指制约燃烧发生和发展变化的因素。燃烧反应想要发生，必须要有氧化剂和还原剂参加，另外还要有发生燃烧的能源。也就是说，燃烧必须具备以下要素：① 要有可燃物；② 要有助燃物；③ 要有点火源。

1. 可燃物

一般说来，不论是固体、液体还是气体，凡是能在空气、氧气或其他氧化剂中发生燃烧反应的物质都称为可燃物，否则称不燃物。可燃物既可以是单质，如碳、硫、磷、氢、钠、铁等；也可以是化合物或混合物，如乙醇、甲烷、木材、煤炭、棉花、纸、汽油等。

从广义上讲，可燃物应当是指所有能够燃烧的物质，但是在实际工作中，可燃物与不燃物的概念对某些物质来讲却不易划分。物质燃烧的难易程度随外界条件变化而变化，其中有两个重要影响因素：一是物质本身的表面积与体积比，如块状铝材在空气中是非燃烧体，而粉状铝不仅能燃烧，而且会发生爆炸；二是空气中的含氧量，增大空气中的含氧量，很多难燃材料会变成易燃材料，减少空气中的含氧量，易燃材料会变成难燃材料，如在纯氧中铁会发生剧烈的燃烧，而在大气环境条件下是不会燃烧的，所以习惯上还是称其为不燃物。因而从狭义上讲，可燃物应当是指在标准状态下的空气中能够燃烧的物质。

可燃物按照物理形态可以分为气体可燃物、液体可燃物和固体可燃物。

（1）气体可燃物。凡是在空气中能发生燃烧的气体，都称为可燃气体。

（2）液体可燃物。凡是在空气中能发生燃烧的液体，都称为可燃液体。

（3）固体可燃物。凡遇明火、热源能在空气（氧化剂）中燃烧的固体物质，都称为可燃固体。

2. 助燃物

凡能帮助和支持燃烧的物质，即能与可燃物发生反应的物质都称为助燃物，它是引起燃烧反应必不可少的条件。

燃烧是一种氧化还原反应，由氧化还原反应理论得知：失去电子的过程称为氧化，得到电子的过程称为还原；失去电子的物质称还原剂，得到电子的物质称氧化剂。因此，助燃物就是氧化剂，是直接"参与"燃烧的一些处于高氧化态、具有强氧化性的物质。其特点是易于分解并放出氧和热量，本身不一定可燃，但能导致可燃物燃烧。

常见的助燃物有空气和氧气，还有一些卤族元素（氟、氯、溴、碘）以及一些化合物如硝酸盐、氯酸盐、重铬酸盐、高锰酸盐及过氧化物等。根据它们生产储存时的火灾危险性，这些氧化剂可分为甲、乙两类。甲类的氧化剂有氯酸钠、氯酸钾、过氧化氢、过氧化钠、过氧化钾以及次氯酸钙等；乙类的氧化剂有发烟硫酸、发烟硝酸、高锰酸钾和重铬酸钠等。空气助燃的助燃性能会随着空气中的氧含量变化而变化。如空气中的氧含量大约在21%左右，当空气中的氧含量逐渐降低时，燃烧反应会逐渐减弱；当空气中氧含量降至14%左右时燃烧反应较为困难；当其中氧含量降至14%以下时，燃烧反应就很难维持；而在纯氧条件下，燃烧会变得非常猛烈，甚至能使一些平时不会燃烧的铁、铝等金属产生剧烈的燃烧。

3. 点火源

点火源是指能够引起可燃物与助燃物发生燃烧反应的能量来源，有时也称着火源。点火源这一燃烧要素的实质是提供一个初始能量，在这种能量激发下，使可燃物与氧化剂发生剧烈的氧化还原反应，引起燃烧。

点火源的种类很多，常见的是热能，还有其他能量如电能、化学能、光能和机械能等，都可以起到点火源的作用。例如，常见的火焰、火星、电火花、高温物体等，都是直接释放热能的点火源；而静电放电、化学反应放热、光线照射与聚焦、撞击与摩擦、绝热压缩等则是其他能量（如电能、化学能、光能、机械能）转化成热能的点火源。已经燃烧的物质，就可成为它附近可燃物的点火源。还有一种点火源，没有明显的外部特征，而是自可燃物内部发热，由于热量不能及时失散而引起温度升高导致燃烧。这种情况可视为"内部点火源"。这类点火源造成的燃烧现象通常叫自燃。

可燃物、助燃物和点火源是构成燃烧的三个要素，缺一不可。但是，上述三个条件即使同时存在，燃烧也不一定会发生。例如，用一根火柴可以引燃一张纸，却不能引燃一块木板；再如，点燃的蜡烛用玻璃罩罩住后，不使空气进入，一会儿蜡烛就会熄灭。这说明燃烧要想发生，既要具备"质"的方面的条件，也要具备"量"的方面的条件才能进行。

三、燃烧发生的充分条件

1. 一定的可燃物浓度

可燃物与适量的助燃物作用并达到一定的数量比例，才能够产生燃烧，此比例范围对可燃物来讲，就是其燃烧极限。燃烧极限是成分或压力的极限，超过这一极限，可燃物和助燃物的混合物就不能燃烧。对于气相燃烧的物质来说，燃烧极限就是指人们通常所说的爆炸浓度极限范围。

可燃蒸汽在空气中都有两个可燃极限。通常把混合气能保证顺利点燃并传播火焰的最低浓度称为该可燃物的燃烧下限（着火下限），能保证点燃并传播火焰的最高浓度称为该可燃物的燃烧上限（着火上限）。可燃蒸汽的浓度过高或过低，都不能被点燃及传播火焰，这就是混合气浓度过稀或过浓都不能实现顺利点火的原因。

2. 一定的氧气（氧化剂）含量

实验证明，虽有空气（氧气）存在，但浓度不够，燃烧也不会发生。由于可燃物质性质不同，燃烧所需要的含氧量也不同；在等量情况下，使某些物质完全燃烧，所需要的含氧量也有差异。部分常见物质燃烧所需的最低含氧量，如表 1-1 所示。

表 1-1　一部分常见物质燃烧所需要最低含氧量

物质名称	含氧量/%	物质名称	含氧量/%
汽油	14.4	乙醇	15.0
煤油	15.0	多量棉花	8.0
氢气	5.9	橡胶屑	13.0

3. 一定的引火能量（点火能）

点火源必须具有足够的温度，才能点燃由一定的量结合的可燃物和助燃物。点火源将热量传递到可燃物与助燃物上，使其温度升高，反应加速，最后从缓慢氧化状态过渡到剧烈的燃烧反应状态，即可燃物被引燃了；从链式反应理论看，则是火源的能量可以激发游离基的产生，加速链式反应中的游离基增长速度，使可燃物引燃。引燃能就是指能够引起一定浓度可燃物质燃烧所需要的最小能量，也叫最小点火能（Minimum Ignition Energy）。若点火源的能量小于最小点火能，就不能引燃着火，故最小点火能是衡量可燃物危险性的一个重要参数。只有达到最小点火能，才能引起燃烧。

由于可燃物种类繁多，状态有气、液、固三种，化学性质又有活泼与不活泼之分，又由于助燃物的氧化能力对可燃物的燃烧性能也起着至关重要的作用，所以，不同的可燃物发生燃烧所需要点火源的最小能量（即最小点火能）也不尽相同，如表 1-2 所示。

表 1-2　部分可燃物的最小点火能

可燃物名称	最小点火能/mJ		可燃物名称	最小点火能/mJ	
	空气中	氧气中		粉尘云	粉尘层
二硫化碳	0.015		铝粉	15	1.6
氢	0.019	0.001 3	镁粉	80	0.24
乙炔	0.019	0.000 3	醋酸纤维素粉	15	—
乙烯	0.09	0.001	沥青粉	80	6.0
环氧乙烷	0.105		聚乙烯粉	10	
甲醇	0.215		聚苯乙烯粉	40	
甲烷	0.28		酚醛塑料粉	10	40
丙烯	0.282	0.031	尿素树脂粉	80	
乙烷	0.25		乙烯基树脂粉	10	
丙烷	0.26		苯二甲酸酐粉	15	
苯	0.55		硫黄粉	15	1.6
氨	0.77		烟煤粉	40	—
丙酮	0.15		木粉	30	—

　　例如，对于气体或液体蒸汽来说，甲醇在空气中用电火花点火时，能引起燃烧的最小点火能为 0.215 mJ（毫焦耳），而二硫化碳蒸汽燃烧所需要的最小点火能仅为 0.015 mJ。二者能被引起燃烧的点火源的最低能量不同，即 0.10 mJ 的火源能点燃二硫化碳，却无法使甲醇燃烧。对于固体来说，在氧气中的硬纸板在 380 ℃ 的热源作用下仅 3 s 即被点燃，而毛毡只需 250 ℃ 的热源作用 3 s 便被点燃。这就是说，某种点火源对于某种可燃物来说是能点燃的，对于另一种可燃物来说则可能起不到点燃作用，且每一种可燃物被点燃，都需要有一定强度的点火源，否则，燃烧便不能发生。

　　因此，在防火工作中，要针对生活和生产各种场所的点火源进行科学的管理，不能一概而论限制一切点火源的存在；在实际过程中要根据可燃物性质的不同，对点火源进行科学的分析，要根据火场周围可燃物性质的不同，及时做出火势是否会蔓延的清醒判断，这些工作都离不开对点火源进行定性定量的研究。

　　常见的点火源有火柴焰、烟头、电火花等，每种火源都具有各自的温度，如表 1-3 所示。从表可见，多数火源的温度都超过 500 ℃，超过一般可燃物所需要的点燃能量。所以，有火灾爆炸危险的场所内常会有以下安全要求：严禁烟火，禁止使用易产生火花的金属工具，不准机动车辆随便驶入，采用防爆电器，严格动火检修制度等。这些要求都是符合科学而且非常必要的。

表 1-3　常见点火源的温度

点火源名称	火源温度/°C	点火源名称	火源温度/°C
火柴焰	500～650	气体灯焰	1 600～2 100
烟头（中心）	700～800	酒精灯焰	1 180
烟头（表面）	250	煤油灯焰	700～900
机械火星	1 200	植物油灯焰	500～700
电火花	700	蜡烛焰	640～940
煤炉炽热体	800	打火机焰	1 000
烟囱飞火	600	焊割火花	2 000～3 000
石灰遇水发热	600～700	汽车排气管火星	600～800

4. 相互作用

燃烧不仅要必须具备三要素"质"和"量"方面的条件，而且还必须使以上条件相互结合，相互作用，燃烧才会发生和持续，否则燃烧也不能发生。

对于无焰燃烧，由于无链锁反应，可用经典三角形（见图 1-1）表示燃烧三要素之间的关系，燃烧三角形的每一个边代表一个燃烧要素，只要它们同时存在并相互结合，便会发生燃烧。对于有焰燃烧，由于燃烧过程中存在未受抑制的游离自由基作中间体，所以燃烧三角形增加了一个空间坐标，形成燃烧四面体，如图 1-2 所示。

图 1-1　燃烧三角形

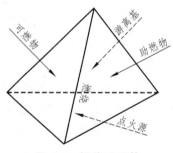

图 1-2　燃烧四面体

【能力提升训练】

根据所学知识，请你查阅文献，通过网络、图书等途径完成下列任务：

（1）查找目前我国常用的灭火器种类有哪些？

（2）扑救原理是什么？

【归纳总结提高】

一、选择题

1. 下列说法正确的是（   ）。

A. 有发光、放热现象的变化一定是燃烧

B. 剧烈的燃烧都会引起爆炸

C. 爆炸一定属于化学变化

D. 燃烧一定伴随着发光、放热现象

2. 扇一扇，燃着的蜡烛立即熄灭，其原因是（   ）。

A. 供给的氧气减少

B. 供给的氧气增加

C. 使蜡烛着火点降低

D. 温度低于蜡烛的着火点

3. 手帕浸泡在盛有质量分数为 70% 的酒精溶液中，浸透后取出，将手帕展开，用镊子夹住两角，用火点燃。当手帕上的火焰熄灭后，手帕完好无损。对于这一现象，下列解释正确的是（   ）。

A. 这是魔术，你看到的是一种假象

B. 火焰的温度低于棉布的着火点

C. 手帕上的水汽化吸热，使手帕的温度低于棉布的着火点

D. 酒精燃烧后使棉布的着火点升高

4. 氢气在氯气中点燃产生苍白色火焰，放出大里热，下列说法中，不正确的是（   ）。

A. 此反应属于燃烧

B. 此反应不属于燃，因为没有氧气参加

C. 此反应中元素的化合价发生了变化

D. 此反应属于化合反应

5. 古语道"人要实，火要虚"，其中"火要虚"的意思是：燃烧木柴时通常架空些，才能燃烧得更旺。火要虚的实质是（   ）。

A. 散热的速度加快

B. 增大木柴与空气的接触面积

C. 木柴的着火点降低

D. 提高空气中氧气的含量

二、简答题

1. 简述燃烧的充要条件。
2. 简述燃烧的本质。
3. 常见的点火源有哪些?

项目二　燃烧的形式与特点

【学习目标】

掌握气体燃烧的形式及特点;掌握液体燃烧以及固体燃烧的形式;能够根据所给案例对燃烧形式进行判断;了解气体的燃烧速度与管径的关系,以及在实际生活中的应用实例;了解液体燃烧速度的影响因素。

【知识储备】

一、燃烧形式

1. 气体燃烧

根据气体燃烧过程的控制因素不同,可分为扩散燃烧和预混燃烧两种燃烧形式。

(1)扩散燃烧。

扩散燃烧即可燃性气体和蒸气分子与气体氧化剂互相扩散,边混合边燃烧。在扩散燃烧中,化学反应速度要比气体混合扩散速度快得多。整个燃烧速度的快慢由物理混合速度决定。气体(蒸气)扩散多少,就烧掉多少。人们在生产、生活中的用火(如燃气做饭、点气照明、烧气焊等)均属这种形式的燃烧。

扩散燃烧的特点为:燃烧比较稳定,扩散火焰不运动,可燃气体与氧化剂气体的混合在可燃气体喷口进行。对稳定的扩散燃烧,只要控制得好,就不至于造成火灾,一旦发生火灾也较易扑救。

(2)预混燃烧。

预混燃烧又称动力燃烧或爆炸式燃烧。它是指可燃气体、蒸气或粉尘预先同空气(或氧)混合,遇火源产生带有冲击力的燃烧。预混燃烧一般发生在封闭体系中或在混合气体向周围扩散的速度远小于燃烧速度的敞开体系中,燃烧放热造成产物体积迅速膨胀,压力升高,压强可达 709.1 ~ 810.4 kPa。通常的爆炸反应即属此种。

预混燃烧的特点为:燃烧反应快,温度高,火焰传播速度快,反应混合气体不扩散,在可燃混气中引入一火源即产生一个火焰中心,成为热量与化学活性粒子集中源。如果预混气体从管口喷出发生动力燃烧,若流速大于燃烧速度,则在管中形成稳定的燃烧火焰,由于燃烧充分,燃烧速度快,燃烧区呈高温白炽状,如汽灯的燃烧即是如此。若混气在管口流速小于燃烧速度,则会发生"回火"。如制气系统检修前不进行置换就烧焊,燃气系统开车前不进行吹扫就点火,用气系统产生负压回火或者漏气未被发现而用火时,往往形成动力燃烧,有可能造成设备损坏和人员伤亡。

2. 液体燃烧

易燃、可燃液体在燃烧过程中，并不是液体本身在燃烧，而是液体受热时蒸发出来的液体蒸气被分解、氧化达到燃点而燃烧，即蒸发燃烧。因此，液体能否发生燃烧、燃烧速率高低，与液体的蒸气压、闪点、沸点和蒸发速率等性质密切相关。

常见的可燃液体中，液态烃类燃烧时，通常具有橘色火焰并散发浓密的黑色烟云。醇类燃烧时，通常具有透明的蓝色火焰，几乎不产生烟雾。某些醚类燃烧时，液体表面伴有明显的沸腾状，这类物质的火灾较难扑灭。在含有水分、黏度较大的重质石油产品，如原油、重油、沥青油等发生燃烧时，有可能产生沸溢现象和喷溅现象。

（1）沸溢。

以原油为例，其黏度比较大，且都含有一定的水分，以乳化水和水垫两种形式存在。所谓乳化水是原油在开采运输过程中，原油中的水由于强力搅拌成细小的水珠悬浮于油中而成。放置久后，油水分离，水因比重大而沉降在底部形成水垫。

燃烧过程中，这些沸程较宽的重质油品产生热波，在热波向液体深层运动时，由于温度远高于水的沸点，因而热波会使油品中的乳化水气化，大量的蒸气就要穿过油层向液面上浮，在向上移动过程中形成油包气的气泡，即油的一部分形成了含有大量蒸气气泡的泡沫。这样必然使液体体积膨胀，向外溢出，同时部分未形成泡沫的油品也被下面的蒸气膨胀力抛出罐外，使液面猛烈沸腾起来，就像"跑锅"一样，这种现象叫沸溢。

（2）喷溅。

在重质油品燃烧进行过程中，随着热波温度的逐渐升高，热波向下传播的距离也加大，当热波达到水垫时，水垫的水大量蒸发，蒸气体积迅速膨胀，以至把水垫上面的液体层抛向空中，向罐外喷射，这种现象叫喷溅。

一般情况下，发生沸溢要比发生喷溅的时间早的多。发生沸溢的时间与原油的种类、水分含量有关。根据实验，含有 1%水分的石油，经 45～60 min 燃烧就会发生沸溢。喷溅发生的时间与油层厚度、热波移动速度以及油的燃烧线速度有关。

3. 固体燃烧

固体可燃物由于其分子结构的复杂性、物理性质的不同，其燃烧方式也不相同。主要有下列四种。

（1）蒸发燃烧。

可熔化的可燃性固体受热升华或熔化后蒸发，产生可燃气体进而发生的有焰燃烧，称为蒸发燃烧。发生蒸发燃烧的固体，在燃烧前受热只发生相变，而成分不发生变化。一旦火焰稳定下来，火焰传热给蒸发表面，促使固体不断蒸发或升华燃烧，直至燃尽为止。分子晶体、挥发性金属晶体和有些低熔点的无定形固体的燃烧，如石蜡、松香、硫、钾、磷、沥青和热塑性高分子材料等燃烧，均为蒸发燃烧。燃烧过程总保持边熔化、边蒸发、边燃烧形式，固体有蒸发面的部分都会有火焰出现，燃烧速度较快。钾、钠、镁等之所以称为挥发金属，因其燃烧属蒸发式燃烧，而生成白色浓烟是挥发金属蒸发式燃烧的特征。

（2）分解燃烧。

分子结构复杂的固体可燃物，在受热后分解出其组成成分及与加热温度相应的热分解产物，这些分解产物再氧化燃烧，称为分解燃烧。如木材、纸张、棉、麻、毛、丝以及合成高分子的热固性塑料、合成橡胶等燃烧。

煤、木材、纸张、棉花、农副产品等成分复杂的固体有机物，受热不发生整体相变，而是分解释放出可燃气体，燃烧产生明亮的火焰，火焰的热量又促使固体未燃部分的分解和均相燃烧。当固体完全分解且析出可燃气体全部烧尽后，留下的碳质固体残渣才开始无火焰的表面燃烧。

塑料、橡胶、化纤等高聚物，是由许多重复的较小结构单位（链节）所组成的大分子。绝大多数高分子材料都是易燃的，而且大部分发生分解式燃烧，燃烧放出的热量很大。一般说来，高聚物的燃烧过程包括受热软化熔融、解聚分解、氧化燃烧。分解产物随分解时的温度、氧浓度及高聚物本身的组成和结构不同而异。所有高聚物在分解过程中都会产生可燃气体，分解产生的较大分子会随燃烧温度的提高进一步蒸发热解或不完全燃烧。高聚物在火灾的高温下边熔化、边分解、边呈有焰均相燃烧，燃着的熔滴可把火焰从一个区域扩展到另一个区域，从而促使火热蔓延发展。

（3）表面燃烧。

可燃物受热不发生热分解和相变，可燃物质在被加热的表面上吸附氧，从表面开始呈余烬的燃烧状态叫表面燃烧（也叫无火焰的非均相燃烧）。

这类燃烧的典型例子，如焦炭、木炭和不挥发金属等的燃烧。表面燃烧速度取决于氧气扩散到固体表面的速度，并受表面上化学反应速度的影响。焦炭、木炭为多孔性结构的简单固体，即使在高温下也不会熔融、升华或分解产生可燃气体。氧扩散到固体物质的表面，被高温表面吸附，发生气固非均相燃烧，反应的产物从固体表面解吸扩散，带着热量离开固体表面。整个燃烧过程中固体表面呈高温炽热发光而无火焰，燃烧速度小于蒸发速度。

铝、铁等不挥发金属的燃烧也为表面燃烧。不挥发金属的氧化物熔点低于该金属的沸点。燃烧的高温尚未达到金属沸点且无大量高热金属蒸气产生时，其表面的氧化物层已熔化退去，使金属直接与氧气接触，发生无火焰的表面燃烧。由于金属氧化物的熔化消耗了一部分热量，减缓了金属的氧化，致使燃烧速度不快，固体表面呈炽热发光。这类金属在粉末状、气熔胶状、刨花状时，燃烧进行得很剧烈，且无烟生成。

（4）阴燃。

阴燃是指物质无可见光的缓慢燃烧，通常产生烟和温度升高的迹象。这种燃烧看不见火苗，可持续数天甚至数十天，不易发现。

固体的上述四种燃烧形式中，蒸发燃烧和分解燃烧都是有火焰的均相燃烧，只是可燃气体的来源不同。蒸发燃烧的可燃气体是相变产物，分解燃烧的可燃气体来自固体的热分解。固体的表面燃烧和阴燃，都是发生在固体表面与空气的界面上，呈无火焰的非均相燃烧。阴燃和表面燃烧的区别，就在于表面燃烧的过程中固体不发生分解。

二、燃烧温度

燃烧反应的其中一个特征是放热，可燃物质燃烧时所放出的热量，一部分经过热辐射散失，一部分用到加热燃烧产物上，使产物温度升高。燃烧温度就是燃料燃烧时放出的热量使燃烧产物（烟气）所能达到的温度，有理论燃烧温度和实际燃烧温度之分，通常性况下我们所说的燃烧温度为理论燃烧温度。燃烧体系放热量越大，燃烧产物温度越高。

就有焰型燃烧来说，由于可燃物质燃烧所产生的热量是从物质燃烧的火焰中放出来的，因而火焰的温度就是燃烧温度。一般概念上说，燃烧温度取决于可燃物质的燃烧速度和燃烧程度。在同样条件下，可燃物质燃烧时，燃烧速度快的比燃烧速度慢的火焰温度高。在同样大小的火焰下，燃烧温度越高，它向周围辐射出的热量就越多，因而使可燃物质发生燃烧的速度就越快。

在实际火灾中，燃烧温度的高低随外界条件的变化而不同，对燃烧温度影响较大的因素有：可燃物种类、氧化剂的供给情况、散热条件等。例如，酒精灯火焰温度为 1 180 ℃，煤油灯火焰温度为 780～1 030 ℃；氢气在空气中燃烧时，火焰的最高温度为 2 130 ℃，而在纯氧中燃烧时，火焰的最高温度为 3 150 ℃。表 1-3 列举了几种可燃物质的燃烧温度。

表 1-3　部分可燃物质在空气中的燃烧温度

物质名称	燃烧温度/℃	物质名称	燃烧温度/℃
甲烷	1 800	一氧化碳	1 680
乙烷	1 895	二硫化碳	2 195
乙炔	2 127	丙烯腈	2 188
甲醇	1 100	氢气	2 130
乙醇	1 180	煤气	1 600～1 850
丙酮	1 000	硫化氢	2 110
乙醚	2 861	天然气	2 020
原油	1 100	石油气	2 120
汽油	1 200	氨	700
煤油	700～1 030	苯	2 032
重油	1 000	钠	1 400
木材	1 000～1 177	镁	3 000
石蜡	1 427	硫	1 820
甲苯	2 071	磷	900

三、燃烧速度

一般认为燃烧速度就是在单位面积上、单位时间内烧掉的可燃物质的数量。

由于可燃物质聚集状态（气体、液体和固体）的不同，当其接近火源或受热时，发生不同的变化，形成不同的燃烧过程，燃烧速度也不尽相同。

1. 气体燃烧速度

由于气体的燃烧不需要像固体、液体那样经过熔化、蒸发等过程，所以燃烧速度很快。气体的燃烧速度随物质的组成不同而异。简单气体燃烧（如氢气）只需受热、氧化等过程，而复杂的气体（如天然气、乙炔等）则要经过受热、分解、氧化过程才能开始燃烧。因此，简单气体的燃烧速度比复杂气体的燃烧速度快。

火焰传播速度在不同直径的管道中测试得出的结果是不同的。表 1-4 列出了甲烷和空气混合物在不同管径下的火焰传播速度。一般随着管道直径增大而增加，当达到某个直径时燃烧速度就不再增加。同样，随着管道直径的减小而减少，并在达到某种小的直径时火焰在管中就不再传播。管中火焰不再传播时的管径称为极限管径。

表 1-4　甲烷和空气混合物在不同管径时的传播速度　　　cm/s

管径/cm		2.5	10	20	40	60	80
甲烷体积分数/%	6	23.5	43.5	63	95	118	137
	8	50	80	100	154	183	203
	10	65	110	136	188	215	236
	12	35	74	80	123	163	185
	13	22	45	62	104	130	138

这种现象可以用链式反应理论来解释。随着管子直径的减小，燃烧反应的自由基与管壁碰撞的机会增加，燃烧温度与火焰传播速度就相应降低，直至停止传播。

此外在管道中测试火焰传播速度时还与管子材料以及火焰的重力场有关。如 10%甲烷与空气混合气，管子平放时，火焰传播速度为 65 cm/s，向上垂直放为 75 cm/s，而向下垂直放时为 59.5 cm/s。

2. 液体燃烧速度

液体的燃烧速度可用质量速度或直线速度两种方法表示。液体燃烧的质量速度是指每平方米面积上，1 h 烧掉液体的质量；直线速度是指 1 h 内烧掉的液体层的高度（cm）。

易燃液体在常温下蒸气压就很高，因此有火星、灼热物体等靠近时便能着火，随后，火焰便很快沿液体表面蔓延，其速度可达 0.5 ~ 2 m/s。另一类液体则必须在火焰或灼热物体长久作用下，使其表面层强烈受热而大量蒸发后才能着火。故在常温下生产、使用这类液体的厂房没有火灾爆炸危险。这类液体着火后只在不大的地段上燃烧，火焰在液体表面上蔓延得很慢。几种易燃液体的燃烧速度如表 1-5 所示。

表 1-5　几种易燃液体的燃烧速度

液 体 名 称	燃 烧 速 度	
	直线速度/（cm/h）	质量速度/[kg/（m² · h）]
苯	18.9	165.37
乙醚	17.5	125.84
甲苯	16.08	138.29
航空汽油	12.6	91.93
车用汽油	10.5	80.85
二硫化碳	10.47	132.97
丙酮	8.4	66.36
甲醇	7.2	57.6
煤油	6.6	55.11

为了使液体燃烧继续下去必须向液体传入大量热，使表层的液体被加热并蒸发。火焰通过辐射加热液体，故火焰沿液面蔓延的速度除决定于液体的初温、热容、蒸发潜热外，还决

定于火焰的辐射能力。如苯在初温为 16 ℃ 时燃烧速度为 165.37 kg/（m² · h）；在 40 ℃ 时为 177.18 kg/（m² · h）；60 ℃ 时为 193.3 kg/（m² · h）。此外，风速对火焰蔓延速度也有很大影响。具体影响因素有以下几方面：

（1）液体初温。

可燃液体的初始温度越高，把液体加热到燃点所需的热量就越少，因此初温越高，燃烧速度越快。

（2）容器直径大小。

将液体放于圆柱形立式容器中实验，发现容器直径小于 0.03 m 时，燃烧速度随直径增大而减少。容器直径为 0.03 ~ 1 m 时，随直径增大而逐渐上升到某一恒定值。当容易直径大于 1 m 时，液体的燃烧速度不受直径变化的影响。

（3）容器中液面深度。

随着容器中液位的下降，直线燃烧速度相应降低。这是因为随着液位下降，液面到火焰底部的距离加大，所以火焰向液面的传热速度降低。

（4）液体中含水量。

液体中含水时，液体的燃烧速度下降，而且含水量越多，燃烧速度越慢。

（5）风的影响。

风有利于空气和液体蒸汽的混可，可使燃烧速度加快。

3. 固体燃烧速度

固体物质的燃烧速度，一般要小于可燃气体和可燃液体的燃烧速度。不同的可燃固体物质其燃烧速度有很大差异。如萘及其衍生物、三硫化磷、松香等，在常温下是固体，燃烧过程是受热熔化、蒸发、气化、分解、氧化、起火燃烧，一般速度较慢。而其他一些如硝基化合物、含硝化纤维素的制品等，本身含有不稳定的基团，燃烧是分解式的，燃烧比较剧烈、速度很快。

对于同一种固体可燃物质其燃烧速度还取决于燃烧比表面积，即燃烧的表面积与体积的比例越大，则燃烧速度越大；反之，燃烧速度越小。部分固体可燃物质的燃烧速度如表 1-6 所示。

表 1-6　部分固体可燃物质的燃烧速度

物 质 名 称	平均速度/［kg/(m² · h)］	物 质 名 称	平均速度/［kg/(m² · h)］
天然橡胶	30	纸张	24
人造橡胶	24	有机玻璃	41.5
布质电胶木	32	聚苯乙烯树脂	30
酚醛塑料	10	棉花（含水分 6% ~ 8%）	50

【能力提升训练】

阻火器（见图 1-3）是用来阻止易燃气体和易燃液体蒸汽的火焰蔓延的安全装置。一般安装在输送可燃气体的管道中，或者通风的槽罐上，阻止传播火焰（爆燃或爆轰）通过的装置，由阻火芯、阻火器外壳及附件构成。

阻火器也常用在输送易燃气体的管道上。假若易燃气体被引燃，气体火焰就会传播到整个管网。为了防止这种危险的发生，也要采用阻火器。阻火器也可以使用在有明火设备的管线上，以防止回火事故。但它不能阻止敞口燃烧的易燃气体和液体的明火燃烧。

请你通过本节所学知识或参考相关资料，写出阻火器的应用原理。

图 1-3　阻火器

【归纳总结提高】

1. 扩散燃烧的特点是（　　　）。

A.燃烧比较稳定，扩散火焰不运动，可燃气体与氧化剂气体的混合在可燃气体喷口进行

B. 燃烧反应快，温度高，火焰传播速度快，反应混合气体不扩散

C. 在可燃混气中引入一火源即产生一个火焰中心，成为热量与化学活性粒子集中源

D. 燃烧充分，燃烧速度快，燃烧区呈高温白炽状

2. （　　　）的燃烧方式是表面燃烧。

A. 木炭　　　　　　　　　　　B. 合成塑料

C. 蜡烛　　　　　　　　　　　D. 焦炭　　　　　　　　　　E. 铁

3. 下列属于蒸发燃烧的是（　　　）。

A. 焦炭的燃烧　　　　　　　　B. 沥青的燃烧

C. 煤的燃烧　　　　　　　　　D. 铁的燃烧

4. 对于原油储罐，当罐内原油发生燃烧时，不会产生下列哪个现象（　　　）。

A. 闪燃　　　　　　　　　　　B. 热波

C. 蒸发燃烧　　　　　　　　　D. 阴燃

5. 汽油闪点低，易挥发，流动性好，存有汽油的储罐受热不会产生（　　　）。

A. 蒸汽燃烧及爆炸　　　　　　B. 容器爆炸

C. 泄露产生流淌火　　　　　　D. 沸溢和喷溅

6. 木材的燃烧属于（　　　）。

A. 蒸发燃烧　　　　　　　　　B. 分解燃烧

C. 表面燃烧　　　　　　　　　D. 阴燃

7. 生活中燃气做饭属于（　　　）。

A. 分解燃烧　　　　　　　　　B. 动力燃烧

C. 扩散燃烧　　　　　　　　　D. 预混燃烧

8. 固体可燃物由于其分子结构的复杂性和物理性质的不同，燃烧方式也不相同，但不包含下列（　　）。

A. 蒸发燃烧　　　　　　　　　B. 分解燃烧

C. 阴燃　　　　　　　　　　　D. 闪燃

9. 气体可燃物、液体可燃物和固体可燃物的燃烧速度哪一个更快？（　　　）

A. 气体快　　　　　　　　　　B. 液体快

C. 固体快　　　　　　　　　　D. 一样快

项目三　燃烧类型

【学习目标】

熟悉各种燃烧类型；掌握闪燃的实际意义；了解自燃的分类。

【知识储备】

一、闪　燃

闪燃是液体可燃物的特征之一。各种液体的表面都有一定量的蒸气存在，蒸气的浓度取决于该液体的温度。在一定温度下，液态可燃物液面上蒸发出的蒸气与空气形成的混合气体恰好等于燃烧下限浓度时，遇火源产生的一闪即灭的现象叫作闪燃。在一定的条件下，易燃和可燃液体蒸发出足够的蒸气，在液面上能发生闪燃的最低温度，叫作该物质的闪点。闪燃是短暂的闪火，不是持续的燃烧，这是由于易燃、可燃液体在闪点温度下，蒸发速度还不太快，液体表面上蒸发出来的气体仅能维持一刹那的燃烧，而新的蒸气还未来得及补充以维持稳定的燃烧，因而燃一下就灭了。

闪燃现象出现后，受环境温度等因素的影响，液体蒸发速度往往会加快，这时遇火源就会产生持续燃烧，在一定条件下（如爆炸性混合物达到爆炸极限，并遇到较高的点火能量），就会出现燃烧速度比较快的燃烧现象，即爆燃。因此，闪燃现象往往是爆燃的前兆，由于爆燃能够形成很高的燃烧速度和温度，因此积极控制和预防闪燃现象的出现，就具有极其重要的现实意义。

闪点与物质的饱和蒸气压有关，饱和蒸气压越大，闪点越低。同一液体饱和蒸气压随其温度的增高而变大，所以温度较高时容易发生闪燃。如果可燃液体的温度高于它的闪点，一旦接触点火源就会被点燃，所以把闪点低于 45 ℃ 的液体叫易燃液体，易燃液体比可燃液体危险性高。易燃液体与可燃液体又分别根据其闪点的高低分成不同的级别，如表 1-7 所示。闪点这个概念主要适用于可燃性液体，某些固体如樟脑和萘等，也能在室温下挥发或缓慢蒸发，因此也有闪点，几种液体的闪点如表 1-8 所示。

表 1-7　易燃和可燃液体闪点分类分级

种 类	级 别	闪点 / °C	举 例
易燃液体	I	≤8	汽油、甲醇、乙醇、乙醚、苯、甲苯等
	II	28～45	煤油、丁醇等
可燃液体	III	45～120	戊醇、柴油、重油等
	IV	>120	植物油、矿物油、甘油等

表 1-8　几种液体的闪点

物质	闪点 / °C	物质	闪点 / °C	物质	闪点 / °C
汽油	−58～10	二氯乙烷	8	松节油	30
二硫化碳	−45	甲醇	9.5	丁醇	35
乙醚	−45.5	乙醇	11	戊醇	46
丙酮	−17	醋酸丁酯	13	乙二醇	112
苯	−15	醋酸戊酯	25	甘油	176.5
甲苯	1	煤油	28～45	桐油	239
醋酸乙酯	1	二乙胺	28	冰醋酸	40

二、着　火

可燃物质在某一点被点火源引燃后，若该点上燃烧所放出的热量足以把邻近的可燃物提高到燃烧所需温度，火焰就蔓延开来。因此，所谓着火就是可燃物与火源接触而能燃烧，移走火源后依然能持续燃烧的现象。例如，用火柴点燃柴草，就会引起柴草着火。

可燃物质开始持续燃烧所需的最低温度叫作该物质的燃点或着火点。物质的燃点越低，越容易着火。一些可燃物质的燃点如表 1-9 所示。

在火场上，如果有两种燃点不同的物质处在相同的条件下，受到火源作用时，燃点低的物质先着火。所以存放燃点低的物质往往是重点控制的地方。

表 1-9　几种可燃物质的燃点

物质	燃点 / °C	物质	燃点 / °C	物质	燃点 / °C
磷	34	棉花	150	豆油	220
松节油	53	麻绒	150	烟叶	222
樟脑	70	漆布	165	粘胶纤维	235
灯油	86	蜡烛	190	松木	250
赛璐珞	100	布匹	200	无烟煤	280～500
橡胶	130	麦草	200	涤纶纤维	390
纸	130	硫	207		

三、自　燃

自燃是指可燃物在空气中没有外来火源的作用，靠自热或外热而发生燃烧的现象。例如黄磷暴露于空气中时，即使在室温下它与氧发生氧化反应放出的热量也足以使其达到自行燃烧的温度，故黄磷在空气中很容易自燃。

可燃物质无顺直接的点火源就能自行燃烧的最低温度叫作该物质的自燃点。物质的自燃点越低，发生火灾的危险性越大。一些物质的自燃点如表 1-10 所示。

表 1-10　几种可燃物质的自燃点

物质	自燃点/℃	物质	自燃点/℃	物质	自燃点/℃
黄磷	34～35	二硫化碳	102	棉籽油	370
三硫化四磷	100	乙醚	170	桐油	410
赛璐珞	150～180	煤油	240～290	芝麻油	410
赤磷	200～250	汽油	280	花生油	445
松香	240	石油沥青	270～300	菜籽油	446
锌粉	360	柴油	350～380	豆油	460
丙酮	570	重油	380～420	亚麻仁油	343

在通常条件下，自燃是物质自发的着火燃烧，通常由缓慢的氧化作用而引起，速度很慢，由于散热受到阻碍，析出的热量也很少，同时不断向四周环境散热，不能像燃烧那样发出光。根据热源的不同，物质自燃分为受热自燃和自热自燃两种。

（1）受热自燃。

可燃物质在外部热源作用下，温度升高，当达到自燃点时，即着火燃烧，这种现象称为受热自燃。

可燃物质与空气一起被加热时，首先开始缓慢氧化，氧化反应产生的热使物质温度升高，同时，也有部分散热损失。若物质受热少，则氧化反应速率慢，反应所产生的热量小于热散失量，则温度不再会上升。若物质继续受热，氧化反应加快，当反应所产生的热量超过热散失量时，温度逐步升高，达到自燃点而自燃。在工业生产中，可燃物由于接触高温表面、加热或烘烤过度、冲击摩擦等，均可导致的自燃就属于受热自燃。

（2）自热自燃。

某些物质在没有外来热源影响下，自身内部发生化学、物理或生化过程产生热量，这些热量在适当条件下会逐渐积聚，使物质温度上升，达到自燃点而燃烧。这种现象称为自热燃烧。

造成自热燃烧的原因有氧化热、分解热、聚合热、发酵热等。自热燃烧的物质可分为：自燃点低的物质，遇空气、氧气发热自燃的物质，自然分解发热的物质，易产生聚合热或发酵热的物质。能引起本身自燃的物质常见的有植物类、油脂类、煤、硫化铁及其他化学物质等。

植物的自燃主要是由生物作用引起的，同时在这过程中也有化学反应和物理作用。许多植物如稻草、树叶、粮食等，一般都附着大量微生物，而且能自燃的植物都含有一定的水分，当大量堆积时，就可能因发热而导致自燃。微生物在一定的湿度下生存和繁殖，在其呼吸繁殖过程中会不断产生热量。由于植物产品的导热性很差，热量不易散失而逐渐积累，致使堆垛内温度不断升高，达到 70 ℃ 后细菌死亡，但这时植物产品中的有机化合物开始分解而产生多空的炭，吸附大量蒸汽和氧气。吸附过程是一种放热过程，从而使温度继续升高，达到 100 ℃；接着又引起新的化合物分解碳化，促使温度不断升高，可达 150～200 ℃，这时植物中的纤维开始分解，迅速氧化而析出更多的热量。由于反应速度加快，在积热不散的条件下，就会达到自燃点而自行着火。总体来说，影响植物自燃的因素是：首先要具有微生物生存的湿度，其次是散热条件。因此预防植物自燃的基本措施是使植物处于干燥状态并存放在干燥的地方，堆垛不宜过高过大，注意通风，加强检测，控制温度，防雨防潮等。

植物油和动物油是由各种脂肪酸油脂组成的，它们的氧化能力主要取决于不饱和脂肪酸甘油酯含量的多少。不饱和脂肪酸有油酸、亚油酸、亚麻酸、桐油酸等，它们分子中的碳原子存在一个或几个双键。由于双键的存在，不饱和脂肪酸具有较多的自由能，于室温下便能在空气中氧化，同时析出热量。生成的过氧化物易于释放出活性氧原子，使油脂中常温下难于氧化的饱和脂肪酸发生氧化。在不饱和脂肪酸发生氧化的同时，它们还进行聚合反应。不饱和脂肪酸的聚合过程也能在常温下进行，同时放出热量。这种过程如果循环持续地进行下去，在通风散热不良的条件下，由于积热升温，就能使浸涂不饱和油脂的物品自燃。

煤发生自燃的热量来自物理作用和化学反应，是由于煤本身的吸附作用和氧化反应并积聚热量而引起的，煤可分为泥煤、褐煤、烟煤和无烟煤 4 类，除无烟煤之外，都有自燃能力，一般含氢气、一氧化碳、甲烷等挥发物质较多，以及含有一些易氧化的不饱和化合物和硫化物的煤，自燃的危险性比较大，无烟煤和焦炭之所以没有自燃能力，就是因为它们的挥发物量太少。

煤在低温时，氧化速度不大，主要是表面吸附作用。它能吸附蒸气和氧等气体进行缓慢氧化并使蒸气在煤的表面浓缩变成液体，放出热量使温度升高，然后煤的氧化速度不断加快。如果散热条件不良就会积聚热量使温度继续升高，直到发生自燃。泥煤中含有大量微生物。它的自燃是由于生物作用和化学作用放出热量而引起的。煤的挥发物含量、粉碎程度、湿度和单位体积的散热量等因素对煤的自燃均有很大的影响。煤中挥发物（甲烷、氢气、一氧化碳）含量越高，则氧化能力越强易自燃。煤的颗粒越细，进行吸附作用与氧化的表面积越大，吸附能力也越强，氧化反应速度也越快，因此析出的热量就越多，所以就越易自燃。

煤里一般含有铁的硫化物，硫化铁在低温下能发生氧化，煤中水分多，可促使硫化铁加速氧化生成体积较大的硫酸盐，使煤块松散碎裂，暴露出更多的表面，加速煤的氧化，同时硫化铁氧化时还放出热量，从而促进了煤的自燃过程。由此可知，有一定湿度的煤，其自燃能力要大于干燥的煤。这就是雨季里煤炭较易发生自燃的缘故。此外，煤的散热条件越差就越易自燃，若煤堆的高度过大且内部较疏松，即密度小、空隙率大、容易吸附大量空气，结果是有利于氧化和吸附作用，而热量又不易导出，所以就越易自燃。

一造纸厂外侧有一堆草垛，在阴雨天气发生了火灾。请根据描述，试分析可能存在的起火原因。

【归纳总结提高】

1. 什么是闪燃与闪点？
2. 可燃液体为什么会发生一闪即灭的闪燃现象？
3. 根据促使可燃物升温的热量来源不同，自燃可分为哪两种？两者的区别是什么？
4. 预防闪燃现象的发生有什么现实意义？

项目四　火灾的分类

【学习目标】

了解火灾的定义；熟悉火灾的分类，并能通过实际案例判断火灾的类别。

【知识储备】

一、火灾的定义

按国家标准《消防基本术语》（GB 5907—86）的定义，"凡在时间或空间上失去控制的燃烧所造成的灾害"，都称为火灾。

二、火灾的分类

（一）按火灾中燃烧物的特性

依据燃烧物特性，火灾划分为 A、B、C、D、E、F 六类，即：

A 类火灾：普通固体可燃物燃烧引起的火灾。通常具有有机物性质，一般在燃烧时，能产生灼热的余烬，如木材，棉，毛，麻等。

B 类火灾：液体和可融化固体燃烧引起的火灾。如：汽油，原油，沥青，石蜡等。

C 类火灾：可燃气体燃烧引起的火灾。如：煤气，天然气，甲、乙、丙烷，氢气火灾。

D 类火灾：金属燃烧引起的火灾。如：钾，钠，镁，钛，镐，铝等。

E 类火灾：带电火灾。如物体带电燃烧引起的火灾。

F 类火灾：厨房厨具火灾。如动植物油脂燃烧引起的火灾。

（二）依据《火灾分类》(GB/T 4968－2008)

（1）特别重大火灾：造成 30 人以上死亡，或者 100 人以上重伤，或者 1 亿元以上直接财产损失的火灾。

（2）重大火灾：造成 10 人以上 30 人以下死亡，或者 50 人以上 100 人以下重伤，或者 5 000 万元以上 1 亿元以下直接财产损失的火灾。

（3）较大火灾：造成 3 人以上 10 人以下死亡，或者 10 人以上 50 以下重伤，或者 1 000 万元以上 5 000 万元以下直接财产损失的火灾。

（4）一般火灾：造成 3 人以下死亡，或者 10 人以下重伤，或者 1 000 万元以下直接财产损失的火灾。（注："以上"包括本数，"以下"不包括本数。）

（三）按起火的直接原因

根据我国目前火灾统计，按起火直接原因可分为下列几类：

（1）用火不慎：人们思想麻痹大意，或者用火安全制度不健全、不落实，以及不良生活习惯等造成火灾的行为。

（2）电气火灾：违反电器安装使用安全规定，或者电线老化或超负荷用电造成的火灾。

（3）违章操作：违反安全操作规定等造成火灾的行为，如焊接等。

（4）放火：蓄意造成火灾的行为。

（5）吸烟：乱扔烟头，或卧床吸烟引发火灾的行为。大兴安岭的火灾起因就是烟头。

（6）玩火：儿童、老年痴呆或智障者玩火柴、打火机而引发火灾的行为。

（7）自然原因：如雷击、地震、自燃、静电等。

（8）其他。

【能力提升训练】

试写出图 1-4～1-7 中火灾的类别，并提出扑救措施。

图 1-4

图 1-5

图 1-6

图 1-7

_____

_____

_____

【归纳总结提高】

1. 石蜡火灾属于（   ）火灾。

A．A 类　　　　　B．B 类　　　　　C．C 类　　　　　D．D 类

2. 造成 20 人重伤，直接经济损失 1 000 万元的火灾属于（   ）火灾。

A．一般　　　　　B．较大　　　　　C．重大　　　　　D．特别重大

3. 以下材料中若发生火灾，属于 A 类火灾的是（   ）。

A．煤气　　　　　B．木材　　　　　C．棉花　　　　　D．纸张　　　　　E．变压器

4. 下列属于重大火灾标准的是（   ）。

A．4 人死亡　　　　　　　　　　B．3 人重伤

C．1 000 万元财产损失　　　　　D．直接经济损失 7 000 万元

课题二　爆炸基本原理

项目一　爆炸及其种类

【学习目标】

了解爆炸学说；掌握爆炸的过程及特点；熟悉爆炸的分类。

【知识储备】

一、爆炸学说

1. 连锁反应学说

爆炸性物质在热、冲击、摩擦等外力作用下，便有自由基生成，成为连锁反应的作用中心，由此造成一个接踵而来的连锁反应，同时向环境释放出巨大能量，做机械功。如对于爆炸性混合物，在连锁反应中，火焰则由一层层同心圆球面的形式向外传播。火焰的传播速度在起爆点 0.5～1 m 处开始为每秒数十米，以后逐渐上升，达到每秒数百米甚至数千米，若在火焰波扩散的路上有障碍物（储罐、容器），则由于气体温度的上升及由此引起的压力急剧增加（体积膨胀），而导致极大的破坏力。

连锁反应学说还说明，爆炸不是在达到着火的临界条件时就立即发生，而是经过链发展所必需的一定时间后才能发生。因此，任何爆炸都有时间上的延滞，此延滞时间视链发展的历程与外界条件而定，可以由十万分之几秒到数小时。

2. 爆炸波学说

爆炸波学说可以用来解释可燃气体、蒸汽与空气或氧气等氧化剂的混合物的爆炸。

该学说的主要内容是：当外界的冲击作用于有爆炸危险的混合物时，如其冲击力足以使物质迅速分解，则各种加速爆炸的机械的、热的和化学的现象便依次发生。在有爆炸危险的物质中，所有能引起爆炸的能都变为热能，引起冲击。此冲击与在反应中生成的气体分子运动的加速度有关。气体的冲击能使一层爆炸物被加热和分解，此层物质变为气体，并依次冲击到新的一层上。由此可见，爆炸是从冲击处以辐射状向外扩展的，并发生机械的、热的和化学的相互交替作用，这就是爆炸波这一名词的由来。

3. 爆炸电子本性假说

电子学说以原子间结合的不牢固来解释爆炸物质的不稳定性。在普通的化学反应中，外面的电子也能够从一个原子跳到另一个原子上。那么，可以假定在某些特别灵敏的爆炸性化合物中，价电子的结合就更弱。例如，在雷管中，甚至在很小的冲击之下，也会发生分子的变化，同时不仅以热的形式放出能量，并且还放出带有动能的游离电子。

4. 流体动力学爆炸理论

流体动力学的爆炸理论认为，爆炸是冲击波在炸药中传播而引起的。冲击波在炸药中传播可能有两种不同的情况：一种与在惰性介质中传播的冲击波相似，即不引起炸药中的化学变化，这种过程如无外部因素的持续作用，则不可能维持恒速传播。这是因为冲击波阵面通过时，介质受到不可逆压缩，熵增加，引起能量的不可逆损失，所以必然要在传播中衰减下去。另一种情况，由于冲击波的剧烈压缩而引起炸药的快速化学反应，反应放出的能量又支持冲击波的传播，可以使之维持定速而不衰减，这种紧跟着化学反应的冲击波，或伴有化学反应的冲击波，称为爆轰波，爆轰就是爆轰波在炸药中传播的过程。

5. 气体爆轰动力学理论

这一理论设想了一个理想的爆轰过程，而且爆炸性气体在爆炸通过前后都服从理想气体定律，并假定气体的等熵指数与温度和成分无关。在这种条件下，根据能量守恒定律和理想气体定律，建立了一个爆炸物初始参数与爆炸参数之间的关系，并式用此关系式表示爆炸波通过前后由于介质状态参数（如压力、体积）变化所引起的内能变化。

二、爆炸特点

在自然界中存在着各种爆炸。我们把物质发生一种极为迅速的物理或化学变化，并在瞬间释放出大量能量，同时产生巨大声响的现象称为爆炸。它通常借助于气体的膨胀来实现。例如乙炔罐里的乙炔与氧气混合发生爆炸时，大约在 1 s 内完成下列化学反应：

$$2C_2H_2 + 5O_2 \Longrightarrow 4CO_2 + 2H_2O + Q$$

反应同时放出大量的热量和二氧化碳、水蒸气等气体，使罐内压力升高 10 ~ 13 倍，其爆炸可以使罐体升空 20 ~ 30 m。

爆炸就是物质剧烈运动的一种表现。物质运动急剧加速，由一种状态迅速地转变成另一种状态，将系统蕴藏的或瞬间形成的大量能量在有限的体积和极短的时间内，骤然释放或转化。此过程中，系统的能量转化为机械功以及光和热的辐射等形式。

爆炸过程表现为两个阶段，在第一阶段中，物质或系统的潜在能以一定的方式转化为强烈的压缩能；第二阶段，压缩能急剧膨胀，对外做功，从而引起周围介质的变形、移动和破坏。

爆炸的破坏形式主要包括震荡作用、冲击波、碎片冲击、造成火灾等。震荡作用在遍及破坏作用范围内，会造成物体的震荡和松散；爆炸产生的冲击波向四周扩散，会造成建筑物的破坏；爆炸后产生的热量，会将由爆炸引起的泄漏中的可燃物点燃，引发火灾，加重危害。

一般说来，爆炸现象具有以下特征：

① 爆炸过程进行得很快；

② 爆炸点附近压力急剧升高；

③ 发出或大或小的响声；

④ 周围介质发生震动或邻近物质遭到破坏。

三、爆炸类别

爆炸可以由不同的原因引起，但不管是何种原因引起的爆炸，归根结底必须有一定的能源。

1. 按照能量的来源分类

（1）物理爆炸。

物理爆炸是由物理因素（如状态、温度、压力等）变化而引起的爆炸现象。即系统释放物理能引起的爆炸，爆炸前后物质的性质和化学成分均不改变。

比如：高压蒸汽锅炉当锅炉内过热蒸汽压力超过锅炉能承受的极限程度时，锅炉破裂，高压蒸汽骤然释放出来形成爆炸；陨石落地、高速弹丸对目标的撞击等物体高速运动产生的动能，在碰撞点的局部区域内迅速转化为热能，使受碰撞部位的压力和温度急剧升高，并在碰撞部位材料发生急剧变形，伴随巨大声响，形成爆炸现象。

这里研究的物理爆炸通常指受压容器爆炸和水蒸气爆炸。

（2）化学爆炸。

物质发生剧烈的化学反应，使压力急剧上升而引起的爆炸称为化学爆炸。爆炸前后物质的性质和化学组成均发生了根本的变化。

如炸药爆炸、可燃气体（甲烷、乙炔等）爆炸。化学爆炸是通过化学反应将物质内潜在的化学能在极短的时间内释放出来，使其化学反应处于高温、高压状态的结果。一般气体爆炸的压强可以达到 2×10^6 Pa，高能炸药爆炸时的爆轰压可达 2×10^{10} Pa 以上，二者爆炸时产物的温度可以达到 2 000 ~ 4 000 ℃，因而使爆炸产物急剧向周围膨胀，产生强冲击波，对周围物体产生毁灭性的破坏作用。化学爆炸时，参与爆炸的物质在瞬间发生分解或化合，生成新的爆炸产物。

（3）核爆炸。

这是某些物质的原子核发生裂变反应或聚变反应时，释放出巨大能量而发生的爆炸，如原子弹、氢弹的爆炸。

2. 按照爆炸反应相的不同分类

（1）气相爆炸。

气相爆炸包括：可燃性气体和助燃性气体混合物的爆炸；气体的分解爆炸；液体被喷成雾状物在剧烈燃烧时引起的爆炸，即喷雾爆炸；飞扬悬浮于空气中的可燃粉尘引起的爆炸等。

（2）液相爆炸。

液相爆炸包括聚合爆炸、蒸发爆炸以及由不同液体混合所引起的爆炸。例如：硝酸和油脂、液氧和煤粉等混合时引起的爆炸；熔融的矿渣与水接触或钢水包与水接触时，由于过热发生快速蒸发引起的蒸汽爆炸等

（3）固相爆炸。

固相爆炸包括：爆炸性化合物及其他爆炸性物质的爆炸（如乙炔铜的爆炸）；导线因电流过载，导致导线过热，金属迅速气化而引起的爆炸等。

3. 按照爆炸时燃烧速度的不同分类

（1）轻爆。

物质爆炸时的燃烧速度为每秒数米，爆炸时无多大破坏力，声响也不太大。例如，无烟火药在空气中的快速燃烧，可燃气体混合物在接近爆炸浓度上限或下限时的爆炸即属于此。

（2）爆炸。

物质爆炸时的燃烧速度为每秒十几米至数百米，爆炸时能在爆炸点引起压力急剧上升，有较大的破坏力，有震耳的声响。可燃性气体混合物在多数情况下的爆炸属于此类。

（3）爆轰。

物质爆炸时的燃烧速度为 1 000 ~ 7 000 m/s，爆轰时的特点是突然引起高压强并产生超音速的冲击波。由于在极短时间内发生，燃烧产物急速膨胀，像活塞一样挤压其周围气体，反应所产生的能量有一部分传给被压缩的气体层，于是形成的冲击波由它本身的能量所支持，迅速传播并能远离爆轰的发源地而独立存在，同时引起该处的其他爆炸性气体混合物或炸药发生爆炸，从而产生一种"殉爆"现象。

【能力提升训练】

我国近五年来发生过哪些爆炸事故？分别是什么原因造成的？爆炸发生时都有哪些现象发生？请收集资料，分组进行讲解。

【归纳总结提高】

1. 爆炸的机理如何？
2. 爆炸的类别？

项目二　爆炸极限

【学习目标】

掌握爆炸极限的概念及影响因素；能熟练利用爆炸极限的计算来判断场所内气体的危险度。

【知识储备】

一、定　义

可燃性气体或蒸汽与空气组成的混合物并不是在任何混合比例的情况下都可以燃烧或爆炸的，而且混合的比例不同，燃烧的速度也不同。由实验得知，浓度过高或过低，燃烧速度都较慢，只有在某一浓度范围内燃烧的速度才足够快，在极短的时间内就能积累足够的热能，从而发生爆炸。一般来说，当混合物中可燃气体的含量接近于按化学反应式中计量系数计算的该物质的含量时，燃烧是最快或最剧烈的。即若含量减少或增加，火焰蔓延速度则下降，当浓度高于或低于某一极值时，火焰便不再蔓延。通常将可燃性气体或蒸汽与空气混合后，遇明火发生爆炸的最低浓度，叫作爆炸下限；遇明火发生爆炸的最高浓度，叫作爆炸上限。

爆炸极限常用气体或蒸汽在混合物中的体积百分数（百分含量）来表示，有时也用单位体积中可燃物含量来表示。可燃物浓度在下限以下时，含有过量的空气，由于空气的冷却作用及可燃物浓度的不足，导致系统得热小于失热，反应不能延续下去；同样，当浓度在上限以上时，含有过量的可燃物质，空气非常不足，过量的可燃物质不仅因缺氧不能燃烧，放出热量，反而起冷却作用，阻止了火焰的蔓延，但此时若补充空气，是有火灾或爆炸危险的。故对上限以上的混合物气体或蒸汽不能认为是安全的。也有爆炸上限很高的可燃气体和蒸汽（如环氧乙烷、硝化甘油等），在分解时会自身供氧，使反应持续进行下去，随着气体压力和温度的升高，会引起分解爆炸。

二、影响因素

各种不同的可燃气体或液体，由于它们的理化性质不同，具有不同的爆炸极限。同一种可燃气体或液体的爆炸极限，也不是一个固定值，它随着多种因素的影响而变化。它受各种因素的影响：

（1）温度。

温度对爆炸极限的影响，一般是温度上升时下限变低，上限变高，则爆炸极限范围变宽，危险性增大。根据活化能理论，温度升高时，分子内能增加，参加反应的物质分子的反应活性也增大，使原来相对稳定的那部分分子成为具有爆炸危险的活化分子。表 2-1 列出了甲烷在不同温度下的爆炸极限。

表 2-1　甲烷在不同温度下的爆炸极限

物质	初始温度/°C	爆炸下限/%	爆炸上限/%
甲烷	0	6.8	12.6
	50	6.2	13.1
	100	6.0	13.7
	200	5.8	14.7
	300	5.5	15.8
	400	5.2	16.8

（2）压力。

压力对爆炸极限也有很重要的影响，一般是压力增加，爆炸极限范围扩大，危险性增大。这是因为分子间距离更为接近，分子浓度增大，碰撞概率增加，反应速率加快，放热量增加并且在高压下热传导性差更容易燃烧或爆炸；反之，压力降低，爆炸极限范围缩小。以甲烷为例，压力对甲烷爆炸极限的影响如表 2-2 所示。

表 2-2 加压对甲烷爆炸极限的影响

压力/MPa	爆炸下限/%	爆炸上限/%	极限范围
0.1	5.6	14.3	8.7
1.0	5.9	17.2	11.3
5.0	5.4	29.4	24.0
12.5	5.7	45.7	40.0

（3）氧含量。

混合物中氧含量增加，爆炸极限范围扩大，爆炸性增大，爆炸危险性便增大。从表 2-3 中可以看出，可燃物在纯氧中的爆炸范围比在空气中的爆炸范围宽，特别是爆炸上限增高更明显。

表 2-3 气态可燃物在空气中和氧气中的爆炸浓度极限

物质名称	在空气中		在纯氧中		物质名称	在空气中		在纯氧中	
	爆炸下限/%	范围	爆炸下限/%	范围		爆炸下限/%	范围	爆炸下限/%	范围
甲烷	5 ~ 15	10.0	5.4 ~ 60	54.6	氨	15 ~ 30.2	15.2	13.5 ~ 79	65.5
乙烷	3 ~ 12.5	9.5	3 ~ 66	63.0	一氧化碳	12.5 ~ 74	61.5	15.5 ~ 94	78.5
丙烷	2.1 ~ 9.5	7.4	2.3 ~ 55	52.7	丙烯	2 ~ 11.1	9.1	2.1 ~ 53	50.9
丁烷	1.5 ~ 8.5	7.0	1.8 ~ 49	47.2	环丙烷	2.4 ~ 10.4	8.0	2.5 ~ 63	60.5
乙烯	2.7 ~ 34	31.3	3 ~ 80	77.0	乙醚	1.95 ~ 36.5	34.65	2.1 ~ 82	79.9
炔	2.4 ~ 82	79.6	2.8 ~ 93	90.2	1－丁烯	1.6 ~ 10	8.4	1.8 ~ 58	56.2
氢	4 ~ 75.6	71.6	4.7 ~ 94	89.3	氯乙烯	3.8 ~ 31	27.2	4.0 ~ 70	66

（4）惰性组分。

在混合物中加入氮、二氧化碳、水蒸气等惰性气体，随着惰性气体含量的增加，爆炸极限范围缩小。当惰性气体的含量增加到某一含量时，使爆炸上下限趋于一致，爆炸极限范围缩小，这时混合气体就不会发生爆炸。这是因为加入惰性气体后，使可燃气体的分子和氧分子隔离，它们之间形成一层不燃烧的屏障；若在某处已经着火，则放出的热量被惰性气体吸收，热量不能积聚，火焰便不能蔓延。惰性气体的含量增加，特别是对爆炸上限的影响更大。惰性气体略微增加，即能使爆炸上限急剧下降。如各种惰性气体对甲烷爆炸极限的影响如图 2-1 所示。

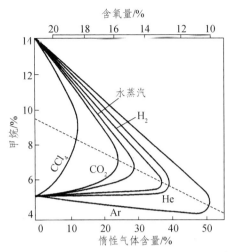

图 2-1　各种惰性气体含量对甲烷爆炸极限的影响

（5）爆炸容器。

容器的材质、尺寸等对物质的爆炸极限都有影响。实验表明，容器或管道的直径越小，材料的传热性越好，火焰在其中的传播速度越小，爆炸极限范围就越小。当容器或管道的直径小到一定数值时，火焰即不能通过而自熄，这一直径称为火焰蔓延临界直径。当管径小于临界直径时，火焰因不能传播而熄灭。

容器材质对气体的爆炸极限的影响体现在：例如，氢和氟在银质器皿中常温下就能发生爆炸反应；而在玻璃器皿中混合，即使在液态空气温度下也会发生爆炸。

容器大小对爆炸极限的影响，主要从器壁效应中解释。燃烧与爆炸并不是分子间直接反应，而是受外来能量的激发，分子键遭到破坏产生活化分子，活化分子又分裂为寿命短但却很活泼的自由基，自由基与其他分子相撞生成新的产物，同时也产生新的自由基再继续与其他分子发生反应。随着容器尺寸的减小，自由基与反应分子之间碰撞概率随之减少，而自由基与通道壁的碰撞概率反而增加，这样就促使自由基反应减低。当通道尺寸减少到某一数值时，这种器壁效应就造成了火焰不能继续传播的条件，火焰即被阻止。

（6）点火源的能量。

当点火源的能量越大，加热面积越大，作用时间越长，爆炸极限范围也越大。如甲烷与电压为 100 V、电流强度为 1 A 的电火花接触，无论在什么浓度下都不会发生爆炸，若电流强度为 2 A 时，则爆炸极限为 5.9% ~ 13.6%，电流强度为 3 A 时，则爆炸极限为 5.85% ~ 14.8%。对每一种可燃气体或蒸汽都有一个最低引爆能量，见表 2-4。

表 2-4　部分气体和最低引爆能量

可燃气体名称	含量/%（体积分数）	最低引爆能量/mJ	可燃气体名称	含量/%（体积分数）	最低引爆能量/mJ
氢气（在空气中）	29.2	0.019	环氧乙烷	7.72	0.105
氢气（在氧气中）	29.2	0.0013	乙醛	7.72	0.376
甲醇	12.24	0.215	丙烯	4.44	0.282

可燃气体名称	含量/%（体积分数）	最低引爆能量/mJ	可燃气体名称	含量/%（体积分数）	最低引爆能量/mJ
甲烷	8.5	0.28	丁二烯	3.67	0.17
乙炔（在空气中）	7.73	0.02	苯	2.71	0.55
乙炔（在氧气中）	7.73	0.003	氨	21.8	0.77
乙烯（在空气中）	6.52	0.016	乙烷（在空气中）	4.02	0.031
乙烯（在氧气中）	6.52	0.001	乙烷（在氧气中）	4.02	0.031
丙酮	4.87	1.15	甲苯	2.27	2.50

三、计　算

具有燃烧爆炸危险特性的气体或蒸汽与空气或氧气混合物的爆炸极限，可用专门的仪器测定出来，为了方便起见，也可以通过其他数据及某些经验公式计算来获得，可作参考。下面介绍计算方法。

（1）爆炸完全反应浓度计算。

爆炸混合物中的可燃物和助燃物完全反应的浓度就是理论上完全燃烧时在混合物中可燃物的含量，根据化学反应方程式可以计算可燃气体或蒸汽的完全反应浓度。可通过如下的例题了解计算方法。

【例 2-1】求乙烯在氧气中完全反应的浓度。

解：写出乙烯在氧气中完全反应的方程式：

$$C_2H_4 + 3O_2 = 2CO_2 + 2H_2O + Q$$

根据反应式得知，参加反应物质的总体积为 $1 + 3 = 4$，则乙烯的体积在总体积中占：

$$X = \frac{1}{4} = 25\%$$

乙烯在氧气中完全反应的浓度为 25%。

可燃气体或蒸汽的化学当量浓度，也可用以下方法计算。

可燃气体或蒸汽分子式一般用 $C_\alpha H_\beta O_\gamma$ 表示，设燃烧 1 mol 气体所必需的氧物质的量为 n，则燃烧反应式可写成：

$$C_\alpha H_\beta O_\gamma + nO_2 \longrightarrow 生成气体 + Q$$

如果把空气中氧气的浓度取为 20.9%，则在空气中可燃气体完全反应的浓度 X_0（%）为：

$$X_0 = \frac{1}{1+\dfrac{n}{0.209}} = \frac{0.209}{0.209 + n} \times 100\% \tag{2-1}$$

又设在氧气中可燃气体完全反应的浓度为 X（%），即：

$$X = \frac{1}{1+n} \times 100\% \qquad (2-2)$$

式（2-1）和式（2-2）表示出 X 和 X_0 与 n 或 $2n$ 之间的关系（$2n$ 表示反应中氧的原子数）。

在完全燃烧的情况下，燃烧反应式为：

$$C_\alpha H_\beta O_\gamma + 2nO_2 \longrightarrow \alpha CO_2 + \frac{1}{2}\beta H_2O + Q$$

式中 $2n \times 2 = 2\alpha + 1/2\beta - \gamma$，对于各种不同的烃，它们之间有不同的关系式。根据 $2n$ 的数值，从表 2-4 中可直接查出可燃气体在空气（或氧气）中完全反应的浓度。

（2）爆炸下限和爆炸上限计算。

根据可燃气体完全反应的浓度计算。对于某些可燃物，完全燃烧时，如烃类及其衍生物的爆炸极限，可以根据可燃气体完全反应的浓度近似来计算。

单一气体或蒸汽的爆炸气体（烷烃及其衍生物）的爆炸下限，公式如下：

$$L_下 = 0.55X_0 \qquad (2-3)$$

$$L_上 = 4.8\sqrt{X_0} \qquad (2-4)$$

式中　　$L_下$——爆炸下限（%）；

　　　　$L_上$——爆炸上限（%）；

　　　　X_0——爆炸气体完全燃烧时化学理论计量浓度（摩尔分数）（%），即爆炸完全反应浓度。

【例 2-2】试求戊烷（C_5H_{12}）和乙醇（C_2H_5OH）的爆炸完全反应物浓度和爆炸极限。

解：先按公式分别求出戊烷（C_4H_{10}）和乙醇（C_2H_5OH）在空气中完全燃烧所需的氧分子数 n_0。

戊烷　　$n_0 = \alpha + \beta/4 = 5 + 12/4 = 8$

乙醇　　$n_0 = \alpha + \beta/4 - \gamma/2 = 2 + 6/4 - 1/2 = 3$

再按公式分别求出戊烷和乙醇的爆炸完全反应物浓度 X_0：

戊烷　　$X_0(C_5H_{12}) = \dfrac{0.209}{0.209 + 8} = 2.55\%$

乙醇　　$X_0(C_2H_5OH) = \dfrac{0.209}{0.209 + 3} = 6.51\%$

再按公式分别求出戊烷和乙醇的爆炸下限和爆炸上限：

戊烷　　$L_下 = 0.55X_0 = 0.55 \times 2.55 = 1.40\%$

　　　　$L_上 = 4.8\sqrt{X_0} = 4.8\sqrt{2.55} = 7.66\%$

乙醇　　$L_下 = 0.55X_0 = 0.55 \times 6.51 = 3.58\%$

　　　　$L_上 = 4.8\sqrt{X_0} = 4.8\sqrt{6.51} = 12.25\%$

（3）多种可燃气体组成混合物的爆炸极限计算。

由多种可燃气体组成混合物的爆炸极限，可根据各组分的爆炸极限进行计算，其公式如下：

$$L = \frac{1}{\dfrac{y_1}{L_1} + \dfrac{y_2}{L_2} + \dfrac{y_3}{L_3} + \cdots} \times 100\% \qquad (3\text{-}5)$$

式中　L——爆炸性气体混合物的爆炸极限（％）；

　　　L_1，L_2，L_3——混合气中各可燃组分的爆炸极限（％）；

　　　y_1，y_2，y_3——混合气中各可燃组分的体积分数（％），$y_1 + y_2 + y_3 = 100\%$。

四、实际意义

（1）评定可燃气体和液体的爆炸危险性。可燃性气体或液体的爆炸下限越低，爆炸极限范围越宽，其爆炸危险性就越大。如甲烷的爆炸极限为 5％ ~ 15％，乙炔的爆炸极限为 2.4％ ~ 82％，则乙炔比甲烷的爆炸危险性大。

（2）确定可燃性气体的危险性分类。爆炸下限 < 10％的可燃性气体为甲类火灾危险，爆炸下限 ≥ 10％的可燃性气体为乙类火灾危险，在生产、储存和使用时，就应按照不同的危险等级采取相应的防火防爆措施。

（3）制定安全操作规程。爆炸极限的存在，为控制和防止安全生产事故的发生提供了可靠的依据。例如，对于化工生产，使用易燃易爆的原料进行反应时，可针对性地采取密闭、控制原料配比、加入惰性气体进行保护等安全生产方法。

【能力提升训练】

某场所存在有下列几种气体，它们的体积分数及爆炸上下限见表 2-5，请学生根据所给数据判断：这个场所内的混合气体是否有爆炸的危险？并写出依据。

表 2-5　几种气体的体积分数及爆炸上下限

项目	体积分数	爆炸下限	爆炸上限
甲烷	3.0%	5.0%	15.0%
乙烷	1.2%	1.1%	7.5%
乙烯	0.8%	2.7%	3.6%
空气	95.0%		

【归纳总结提高】

1. 何谓爆炸极限？有什么意义？
2. 影响爆炸极限的主要因素有哪些？
3. 试求甲烷在空气中和氧气中完全反应的浓度和爆炸极限。
4. 试求乙烯、乙烷在空气中和氧气中完全反应的浓度和爆炸极限。

项目三　粉尘爆炸

【学习目标】

掌握粉尘爆炸的机理；熟悉粉尘爆炸的过程和条件；了解影响粉尘爆炸的因素；掌握各类粉尘爆炸的控制措施。

【知识储备】

一、概　念

自然界中有一些物质可以以粉尘状态存在，如棉、麻、烟、茶、谷物、金属、塑料、煤、合成橡胶、合成纤维等的加工过程中，由于粉碎、研磨、分筛、输送、风吹等操作会产生相应的粉尘。这些粉尘的化学性质比原来生成的要活泼得多，在一定条件下会发生粉尘爆炸。因此，我们把可燃性固体的微细粉尘分散在空气等助燃气体中，当达到一定浓度时，被着火源点着引起的爆炸称为粉尘爆炸。可燃性粉尘爆炸所造成的事故，虽然不如可燃性气体和液体造成的事故那样引人注意，但造成的损失也是惊人的，这种事故的特点是常发生在不引人注目的地方。

伴随着工业化的进展，粉尘爆炸的发生也越来越频繁。据资料统计，美国 1900—1956 年共发生粉尘爆炸事故 1 000 余起，日本 1952—1979 年也发生此类事故 200 余起；美国仅在 1965 年一年中，就发生工业粉尘爆炸事故 1 173 次，损失达 1 194 万美元，死亡 681 人，受伤 1 791 人。近年来，我国发生粉尘爆炸的事故案例也屡见不鲜。2014 年 8 月 2 日 7 时 34 分，位于江苏省苏州市昆山市昆山经济技术开发区的某金属制品有限公司抛光二车间发生特别重大铝粉尘爆炸事故，共有 97 人死亡，163 人受伤，直接经济损失 3.51 亿元人民币。2010 年 2 月 24 日，河北省秦皇岛某淀粉股份有限公司淀粉 4 号车间发生爆炸事故，造成 19 人死亡，49 人受伤，事故原因是车间粉尘爆炸。2002 年 11 月 22 日，广州某食品有限公司发生原料粉尘爆炸事故，造成 6 人死亡，12 人被爆炸中的砖石砸伤。1982 年 10 月 18 日，法国东部城市梅茨一家麦芽厂的粮食仓库发生了大爆炸，7 座巨大而坚固的立式钢筋混凝土粮仓中有 4 座被摧毁，现场堆满了钢筋混凝土碎块，粮仓工作人员 8 人死亡，1 人重伤，3 人失踪。事后调查的结果表明是粮食粉尘所引起的爆炸。综上所述，了解粉尘爆炸的发生机理以及控制措施是非常必要的。

二、粉尘爆炸的条件和过程

1. 粉尘爆炸的条件

只有具备了一定的条件粉尘才有可能发生爆炸，粉尘发生爆炸，一般应同时具备以下四个条件：

（1）粉尘本身具有可燃性；

（2）粉尘必须悬浮在空气（或助燃气体）中；

（3）粉尘悬浮在空气（或助燃气体）中的浓度处在爆炸极限范围内；

（4）有足以引起粉尘爆炸的点火源。

2. 粉尘爆炸的过程

与可燃气体与空气的混合物一样，可燃粉尘与空气混合物遇点火源也可能发生爆炸，也具有爆炸极限，但有实际应用意义的主要是爆炸下限。粉尘爆炸的过程如图 2-2 所示，由以下四个步骤完成。

第一步，悬浮着的粉尘接受点火源的能量，表面温度迅速提高，粒子表面得到热解；

第二步，受热表面的粉尘粒子发生热分解或干馏，变成气体在粒子周围放出；

第三步，释放出的可燃气体与空气或氧气混合生成爆炸性混合气体，被点火源点燃；

第四步，火焰产生的热进一步促进周围的粉尘发生分解，连续地产生可燃气体，与空气混合使反应连续进行传播，从而形成粉尘爆炸。

粉尘爆炸本质上也是一种气体爆炸，但这种爆炸反应的速度、爆炸压力将持续加快，并呈跳跃式发展。

在粉尘爆炸过程中，不仅热传导使粉尘粒子表面温度的上升，而热辐射也起了很大的作用，这与气体爆炸有所不同。同时，粉尘爆炸所需的点火源的能量比气体爆炸要大得多。

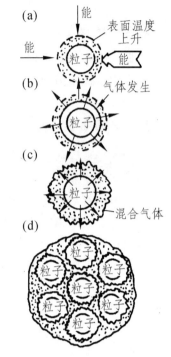

图 2-2　粉尘爆炸过程

三、粉尘爆炸的特点

粉尘爆炸是一个瞬间的连锁反应，属于不稳定的气固二相流反应，其爆炸过程比较复杂，它受众多因素的制约。所以有关粉尘爆炸的机理至今尚在不断研究和不断完善中。另外粉尘粒子本身相继发生熔融汽化，产生微笑火花，成为周围未燃烧粉尘的点火源，使之着火，从而扩大了爆炸范围，这一过程与气体爆炸相比就复杂得多。

从粉尘爆炸过程可以看出粉尘爆炸有如下特点：

（1）所需的起始引爆能量大。

达 10 mJ 的量级，约是一般可燃气体的 10～100 倍；所需的点火时间也较长，可达数十秒，约为气体的数十倍。

（2）爆炸感应期较长。

粉尘爆炸要经过尘粒的表面分解或由表面向内部传递热量分解的过程，所以感应期较长。

（3）有产生两次爆炸的可能性。

粉尘初始爆炸产生的冲击波使其他堆积的粉尘悬浮在空气中，再次形成粉尘云悬浮在空气中，在新的空间内形成达到爆炸极限浓度范围内的混合物，而飞散的火花和辐射热成为点火源，引起第二次爆炸。最后整个粉尘存在场所受到爆炸危险，由此产生的连锁爆炸会造成严重的危害。

（4）爆炸速度或爆炸压力上升速度小，但燃烧时间长，产生的能量大，破坏程度严重，如果飞到可燃物或人体身上，会使可燃物局部严重碳化或人体严重烧伤。

（5）粉尘爆炸与气体相比，容易引起不完全燃烧，因而在生成气体中有大量的一氧化碳存在。此外，有些粉尘（如塑料）自身分解出有毒性气体。所以在粉尘爆炸后，容易引起人员中毒伤亡。

四、影响粉尘爆炸的因素

粉尘爆炸极限不是固定不变的，需要受到以下多因素的影响。

（1）物理化学性质。

物质的燃烧热越大，则其粉尘的爆炸危险性也越大，例如煤、碳、硫的粉尘等；越易氧化的物质，其粉尘越易爆炸，例如镁、氧化亚铁、染料等；越易带电的粉尘越易引起爆炸。粉尘在生产过程中，由于互相碰撞、摩擦等作用，产生的静电不易散失，造成静电积累，当达到某一数值后，便出现静电放电。静电放电火花能引起火灾和爆炸事故。

粉尘爆炸还与其所含挥发物有关。如煤粉中当挥发物低于10%时，就不再发生爆炸，因而焦炭粉尘没有爆炸危险性。

（2）颗粒大小。

平均粒子直径越小，密度越小，比表面积越大，表面能越大，爆炸性越强。如粉尘的表面会吸附空气中的氧，颗粒越细，吸附的氧就越多，因而越易发生爆炸，而且发火点越低，爆炸下限也越低。随着粉尘颗粒的直径的减小，不仅化学活性增加，而且还容易带上静电。即使平均粒径是同样的粉尘，形状或表面的状态不同，对爆炸性也有很大影响。对比表面积来说，形状系数具有很大的影响，球状粒子最小，针状较小，扁平状最大。

（3）粉尘的浓度。

与可燃气体相似，粉尘爆炸也有一定的浓度范围，也有上下限之分。但在一般资料中多数只列出粉尘的爆炸下限，因为粉尘的爆炸上限较高。

（4）粉尘或空气中含水量。

粉尘中存在的水分对爆炸性有影响，即它抑制了粉尘的浮游性。对疏水性的粉尘来说水对浮游性影响虽然不太大，但是水分蒸发使点火有效能量减小，蒸发出来的蒸汽起着惰性气体作用，具有减少带电性的作用。在爆炸时，粉尘中的水分蒸发成的水蒸气，具有吸收热量，抑制爆炸的作用。但与水反应的锰、铝粉尘等与水反应生成氢，往往增加危险性。同样，空气的湿度增加，悬浮粉尘会凝聚沉降，空气中水分又能稀释氧的含量。所以，随着粉尘或空气中水分的增加，粉尘的爆炸危险性会降低，当水分的含量达到一定浓度以后，粉尘就失去了爆炸性。

五、控制措施

1. 防止粉尘沉积和及时清理粉尘

尽可能减少粉尘的产生量，防止悬浮粉尘达到最低爆炸浓度，这是最基本的预防措施。

对于处理粉料的设备或场所，要防止泄漏而使粉尘到处飞扬，尤其应将易于产生粉尘的设备隔离设置在单独房间内，不让粉尘飞散逸出，并设专门的保护量和局部排风装置或暗黄有效的吸风除尘装置。此外，要加强通风排尘，及时清理沉积于厂房内各角落、设备、电缆和管道上的粉尘。

水对粉尘爆炸有多方面的影响，水一方面可以减少粉尘的飞扬，同时因为水分子能大量吸收粉尘氧化产生的热量，增加空气和粉尘的导电性能减少静电，因此可利用水来控制粉尘飞扬。生产中必须不定期湿润粉尘，遇有不能用水湿润的粉尘，应该用机械除尘法。例如用抽法定期清除粉尘，保持操作环境的清洁。消除和减少粉尘向厂房内的扩散是控制粉尘爆炸的最根本的措施。

2. 加强管理，消除粉尘爆炸的点火源

粉尘爆炸的点火源有多种，必须根据操作环境可能出现的点火源种类进行针对性预防。凡是产生可燃粉尘的车间、工作面，应列为禁火区。有可燃粉尘产生的场所，电机应采用封闭式。其他的电器、仪表和照明灯具均应采用防尘型。研磨的物质在进入研磨机前，必须经过筛选、去石和吸铁（磁选）处理，不让石块、金属杂质进入研磨机内，以免撞击产生火花；例如，面粉加工厂的磨面机中源入全量或砂石碎块就会打出火花，造成粉尘爆炸。轴承要勤加检查，保持油路通畅，以免摩擦聚热；另外还要防止静电放电。

3. 避免设备中粉尘爆炸

对于设备内极易形成粉尘—气体爆炸混合物的操作，在设备中充入惰性介质、降低系统中的氧含量是目前防止设备爆炸的唯一可靠方法。在这种情况下，粉尘—空气混合物中的氧含量会减少至火焰不能传播的数值。惰性介质可以采用氮气、二氧化碳、烟道气和用惰性气体稀释到必要最低含氧量的空气或其他工业废气以及惰性粉尘等。

4. 配套消防设施建设

为防患未然，应考虑一旦爆炸发生，也应有相应的配套措施，使损失降到最低限度，主要措施是控制爆炸的范围，阻止其继续传播和发展。例如设置自动水幕、水带来阻止爆炸延伸。扑救粉尘爆炸事故的有效灭火剂是水，尤以雾状水为佳。它既可以熄灭燃烧，又可湿润未燃烧粉尘，驱散和消除悬浮粉尘，降低空气浓度。但禁忌使用直流喷射水和泡沫，防止沉积粉尘因受冲击而悬浮引起二次爆炸。

5. 抑　爆

爆炸抑制系统是在爆燃现象发生的初期由传感器及时检测到，通过发射器快速在系统设备中喷射抑爆剂，从而避免危及设备乃至装置的二次爆炸。最简单的爆炸抑制系统由4个单元组成，即监视器、传感器、发射器和电源。

6. 隔　离

隔离分为机械隔离和化学隔离两种，隔离往往和抑爆系统一起应用。隔离就是把有爆炸危险的设备与相连的设备隔离开，从而避免爆炸的传播而产生二次爆炸。一般在设备的物料入口安装化学隔离，在设备的物料出口安装机械隔离阀。化学隔离和抑爆系统中的发射筒相同，只是一般为45°安装，机械隔离阀类似于常见的闸阀。

在现代工业中，我们给粉体设备采取防爆措施，不能只单独考虑某一个设备，要从整体出发，要作为一个防爆系统工程来设计，所以往往需要采取多种方案组合应用如泄放和机械隔离方案、泄放和化学隔离方案、无焰泄放和机械隔离方案、无焰泄放和化学隔离方案、抑制和机械隔离方案等，也可能需要所有方案的集合体。

【能力提升训练】

为培养学生主动获取知识和独立解决问题等方面的综合能力，请学生查阅文献，通过图书馆、中国知网等途径查找目前发生过的粉尘爆炸事故案例有哪些，分析主要是由哪类粉尘引起的？针对某一具体场所撰写调查报告。

调查报告宣讲要结合多媒体课件（PPT）进行，多媒体课件要图文并茂、内容翔实。宣讲时间在 8～10 min。

教师制定相关的评价细则，根据学生的报告质量、宣讲情况等方面进行点评。

【归纳总结提高】

1. 何谓粉尘爆炸？具备什么条件的粉尘才会发生爆炸？
2. 简要回答粉尘爆炸的主要特征及影响因素？

课题三　防火技术措施

项目一　防火基本知识

【学习目标】

了解防火的基本方法；掌握灭火的基本原理和火灾发展的四个过程。

【知识储备】

一、防火的基本方法

防火就是防止火灾发生和（或）限制燃烧条件互相结合、互相作用。根据火灾事故发生和发展的特点，防止火灾事故发生就是从根本上消除或抑制可能引起火灾的危险因素。

1. 控制可燃物技术

控制可燃物，就是使可燃物达不到燃烧所需要的数量、浓度，或者使可燃物难燃烧，或用不燃材料取而代之，从而消除发生火灾的物质基础，主要有如下基本技术措施。

（1）根据物质的危险性采取措施。易燃、易爆物品的品种繁多，性能复杂，根据其在生产过程中的火灾危险性采取相应的预防措施是非常必要的。

① 对本身具有自燃能力的物质（如油脂），遇空气能自燃的物质（如黄磷、二异丁基铝等），遇水能燃烧爆炸的物质（如钾、钠等），应采取隔绝空气、防水、防潮、加强通风、散热降温等措施，以防止其自燃或爆炸。

② 相互接触能引起燃烧爆炸的物质要单独存放，严禁混存混运；遇酸、遇碱能分解燃烧爆炸的物质应防止与酸、碱接触。

③ 根据物质的沸点、饱和蒸气压大小考虑其储存温度、设备的耐压强度及控温措施。根据物质的闪点、爆炸极限、挥发性、流动性等采取相应的防火措施。

④ 对在正常条件下有聚合放热自燃危险的不稳定物质，在储存过程中应加入阻聚剂。例如丙烯腈易自聚，储存时应加入少量的对苯二酚。

⑤ 生产中必须排放的易燃可燃气体或液体蒸气，应根据它们的密度（相对于空气）采取相应的排污方法和防火措施。含有相互抵触或性质不同物质的废液禁止排入同一污水处理系统，以防止发生化学反应引起事故。

⑥ 对扩散性较强的物质，要防止泄露。设备、管道间的连接要尽量选择焊接方式，若采用法兰连接，要保证良好的密封效果；火灾危险性较大的装置区及可能泄露的部位，设置完备的检测报警系统；储存量较大的液体容器周围应设必要的防护围堤；日常操作时注意维修

和保养，及时维修和更换受损的零配件，经常紧固松弛的法兰螺栓等。

⑦ 对机械作用比较敏感的物质要轻拿轻放，防止擦击等。易产生静电的物质，采取必要的防静电以及静电消除措施。

⑧ 火灾危险物料的厂房、库房及场所内禁止存放浸过油的抹布等易燃品，生产车间内不得积存油浸过的金属屑，设备内严禁积存硫化亚铁等自燃性物质，清除后应深埋入安全地点或烧弃。

（2）用难燃或不燃的物质代替可燃物质。

在条件允许的情况下，改进生产工艺，用不燃或难燃的物质代替可燃物质，可以减少可燃体系的形成，显著改善操作的安全性。

① 根据需要和可能，用不燃液体或闪点较高的液体代替闪点较低的液体，例如用三氯乙烯、四氯化碳等不燃液体代替酒精、汽油等易燃液体作溶剂；根据工艺条件选用沸点较高的溶剂，如沸点 110 ℃ 以上的液体，在常温下使用，通常不易达到爆炸浓度。

② 利用不燃液体稀释可燃液体，会使混合液体的闪点、自燃点提高，从而减小火灾危险性。如用水稀释酒精，便会起到这一作用。

③ 选用燃点或自燃点较高的不燃材料或难燃材料代替易燃材料或可燃材料。例如，用醋酸纤维素代替硝酸纤维素制造胶片，燃点则由 180 ℃ 提高到 475 ℃，可以避免硝酸纤维胶片在长期保存或使用过程中的自燃危险。

④ 在可燃构件（木材、织物、型料、纤维板、金属构件等）上覆盖或粉刷防火保护层以提高其耐燃性和耐火极限。例如，构件喷涂 4 mm 厚的 LB 钢结构膨胀型防火涂料，其时火极可由 15 min 提高到 1～1.5 h。

（3）通风措施。

对于某些无法密闭的装置、易散发可燃气体、蒸气和粉尘与空气形成爆炸性混合物的场所，设置良好的通风除尘装置，采取有效的通风措施，可降低空气中可燃物的含量。通风可分为自然通风和机械通风（也称强制通风）两类，其中机械通风又分为排风和送风两种。其防火要求如下。

① 大量处理可燃气体和液体的设备和装置，应尽量采取露天布置或安装在半敞开的建筑物内。如果采取室内布置，应尽可能将窗、门敞开，保证良好通风换气条件。

② 正确设置通风口的位置，比空气轻的可燃气体和蒸气的排风口应设在室内建筑的上部，比空气重的可燃气体排风口应设在下部。

③ 合理选择通风方式。一般宜采取自然通风，但自然通风不能满足要求时应采取机械通风。如处理可燃气体或液体的通风不良场所（如门窗少的建筑物或较密闭的设备内）、在开敞状态下处理可燃粉尘的场所，都应设置送风和排风的强制通风机械装置。

④ 散发可燃气体或蒸气的场所内的空气不可再循环使用。排风或送风设备应有独立的风机室，如通风机室设在厂房内，应有隔离措施；散发有可燃粉尘或可燃纤维的生产厂房内的空气，需要循环使用时应经过净化处理。

⑤ 排除和输送温度超过 80 ℃ 的空气或其他气体，以及有燃烧爆炸危险的气体、粉尘的通风设备，应用非燃烧材料制成。

⑥ 空气中含有易燃易爆危险物质的厂房，应采用不产生火花的通风机和调节设备。

⑦ 排除有燃烧爆炸危险的粉尘和容易起火的碎屑的排风系统，应采用不产生火花的除尘

器。如果粉尘与水接触能形爆炸性混合物，则不应采用湿式除尘器。含有爆炸性粉尘的空气，宜在进入排风机之前进行净化，以防其进入排风机。

⑧ 排风管道应直接通往室外安全处。通风管道不宜穿过防火墙或非燃烧体的楼板等防火分隔物，以免发生火灾时，火势顺管通过防火分隔物。

2. 控制助燃物技术

控制助燃物，就是使可燃性气体、液体、固体、粉体物料不与空气、氧气或其他氧化剂接触，或者将它们隔离开来。即使有点火源作用，也因为没有助燃物而不致发生燃烧。

（1）密闭措施。

可燃气体和蒸气具有扩散性，可燃液体具有流动性，可燃粉尘在空气中也易扩散和飘浮。如果使用、生产、输送和储存这些可燃物的设备、容器和管道密封不好，就会使可燃物外逸，形成跑、冒、漏、滴现象，以致在空气中形成混合物。把可燃性气体、液体或粉体物料放在密闭设备或容器中储存或操作，可以避免它们与外界空气接触而形成燃爆体系。特别是压力设备更要保证有良好的密闭性，正压装置防止物料泄漏，负压装置防止倒吸入空气。泄漏的发生，一般多在设备、管道、管件的连接处，设备的封头盖、人孔盖、观察孔、液位计、取样口，以及设备转轴与壳体的密封处等。为了保证设备系统的密闭性，通常应采用以下技术措施。

① 正确选择连接方法。由于焊接在强度和密封性能上效果都比较好，所以设备与管道的连接应尽量采用焊接方法，对危险设备系统尽量少用法兰连接，如必须采用法兰连接，应根据操作压力的大小，分别采用平面、凸凹面等不同形状的法兰，同时衬垫要严实，螺丝要拧紧。

输送燃爆危险性大的气体、液体管道，最好用无缝钢管。盛装腐蚀性物料的容器尽可能不设开关和阀门，可将物料从顶部抽吸排出。

② 正确选择密封垫圈。密封垫圈的选择应根据工艺温度、压力和介质的性质选用。一般工艺可采用石棉橡胶垫圈，在高温、高压或强腐蚀性介质中的工艺，宜采用聚四乙烯等耐腐蚀塑料或金属垫圈，近年来，有些机泵改成端面机械密封，防漏效果较好，应优先选用；如果采用填料密封仍达不到要求时，可加水封或油封。

③ 注意检漏、试漏和维修。设备系统投产使用前或大修后开车前，应结合水压试验用压缩空气或氮气做气密性试验，发现渗漏及时修补。在使用当中的检漏方法可用肥皂水喷涂在焊缝、法兰连接处，如发现起泡即为渗漏。亦可根据设备内物质的特性，采取相应的试漏办法，如设备内有氯气和盐酸气，可用氨水在设备各部试熏，产生白烟处即为漏点；如果设备内是酸性或碱性气体，可利用 pH 试纸试漏。对加压和减压设备，在投入生产前做定期检修时，应做气密性检验和耐压强度试验。

设备在平时要注意检查、维修、保养，如发现配件、填料破损要及时维修或更换，及时紧固松弛的法兰螺丝，以切实减少和消除泄漏现象。

（2）惰性介质保护。

在存有易燃易爆物料的系统、场所加入惰性介质保护，是防止形成燃爆混合物的重要措施。惰性气体是指那些化学活性差、没有燃爆危险性的气体，它们可以冲淡可燃气体及氧气的浓度，缩小甚至消除可燃物与助燃物形成爆炸浓度的可能性，从而降低或消除燃爆的危险性。工业生产中常用的惰性气体有氮气、二氧化碳、水蒸气、烟道气等，其中使用最多的是氮气。

（3）隔绝空气储存。

遇空气受潮、受热极易自燃的物品，可以隔绝空气进行安全储存。例如，金属钠存于煤油中，黄磷存于水中，活性镍存于酒精中，烷基铝封存于氮气中，二硫化碳用水封存等。

3. 控制点火源技术

点火源是物质燃烧的三要素之一，是物质燃烧的必备条件。在多数场合，可燃物和助燃物的存在是不可避免的，因此，消除或控制点火源就成为防止燃烧三要素同时存在的关键。在生产过程中能够引起火灾爆炸事故的点火源主要有化学点火源、高温点火源、电气点火源以及冲击点火源等类型。

（1）化学点火源的控制。

化学点火源是基于化学反应放热而构成的一种点火源，主要有明火和自燃发热两种形式。

① 明火。明火是指敞开的火焰、火花、火星等，是引起燃烧反应的裸露之火，具有很大的激发能量和高温，如吸烟用火、加热用火、检修用火等。

明火是引起火灾爆炸事故的常见原因，其表现形式很多，主要可分为生产性明火和非生产性明火。生产中常的明火有加热用火（如加热炉、蒸气锅炉等），维修用火（如焊接、切割、喷灯等），熬炼用火（如熬沥青），运输工具的排气管喷火等；非生产性明火主要有取暖用火、炊事用火、吸烟等。生产性明火常常是生产过程中一种必要的热能源，所以必须科学地对待，既要保证安全地利用有利于生产的明火源，又要设法消除和控制能够引起火灾事故的明火源；生产区域内的非生产性明火，则必须取缔或严格控制。

生产过程中消除或控制明火的技术措施主要有以下几点。

a. 尽量避免采用明火加热易燃易爆物质。而采用水、蒸汽或其他载体加热。采用矿物油等载体加热时，加热温度必须控制在载热体的安全使用温度以下，使用时要保证良好的循环并留有载体热膨胀的余地，防止局部温度过高而结焦。采用熔盐加热时，应严格控制熔盐配比，不得混入有机杂质，以防载热体在高温下发生化学反应而爆炸。

b. 用明火加热的设备，必须与有火灾爆炸危险的生产装置、储罐区等分开设置或隔离，并按防火规定留出防火间距。明火加热设备宜布置在厂区的边缘，且应位于有易燃物料设备的上风向或侧风向；但对有飞溅火花的加热装置，应布置在上述设备的侧风向。加热炉的钢支架应覆盖耐火极限不小于 1.5 h 的耐火层。烧燃料气的加热炉应设长明灯和火焰监测器。

c. 使用气焊、电焊、喷灯进行安装和维修时，必须按危险等级办理动火批准手续，领取动火证，并消除物体和环境的危险状态，备好灭火器材，再采取防护措施，确保安全无误后，方可动火作业。焊割工具必须完好。操作人员必须有合格证，作业时必须遵守安全技术规程。

d. 严格管理厂区内可能存在的明火源。在有火灾爆炸危险的厂房、储罐、管沟内，不使用蜡烛、火柴或普通灯具照明，应采用封闭式或防爆型电气照明。在有火灾爆炸危险的场所，应有醒目的"禁止烟火"警告标志。严禁动火吸烟，吸烟应到专设的吸烟室，不准乱扔烟头和留有火柴余烬。

e. 为防止烟囱飞火，燃料在炉膛内要燃烧充分，烟囱要有足够高度，必要时应安装火星熄灭器。在烟囱周围一定距离内不得堆放易燃易爆物品，不准搭建易燃建筑物。在厂区出现，进入厂区、装置区、罐区的机动车辆，其排气管应安装火星熄灭装置。

f. 强化管理职能，健全各种明火的使用、管理和责任制度，认真实施检查和监督工作。

② 自燃发热。在一定条件下，某些物质有自动发热与积热现象而使可燃物温度上升，当温度超过其自燃点时，就会自行燃烧，这既可成为这些物质自身的直接点火源，也能成为引燃其他可燃物的间接点火源。

自燃发热成为点火源有自身发热自燃和可燃物受热自燃两种形式。可燃物质在一定条件下，自动发生放热的化学或生化反应，蓄积的热量使可燃物温度达到自燃点温度时，可燃物就会发生燃烧。稻草自燃、赛璐珞自燃、油毡自燃和煤堆自燃等都属于自身发热自燃。可燃物接受外界热量或自身夹带有外界赋予的热量，诱发反应或蓄热，升温至自燃点而发生的自燃属于可燃物受热自燃，如生石灰与水反应，在散热条件不好的情况下，发热温度超过了很多物质的自燃点，就可能引起周围可燃物的燃烧，这种自燃的可能性与可燃物的位置、蓄热条件、可燃物本身的燃烧性能等因素有关。

对自燃发热点火源进行控制，必须掌握自燃发热物质的特性，依据其发生自燃的机理不同而区别对待。对于自身发热自燃性物质，关键是破坏反应发生的条件和防止热量蓄积，如为防止稻草堆自燃，应科学堆码并经常翻垛、晾晒、通风；对于受热能引起自燃的物质，关键是采取与热源可靠隔离的措施，特别是自燃点较低的物质应与能发生放热反应的物质隔离存放，并远离热源。

（2）高温点火源的控制。

高温物体在一定环境中能够向可燃物传递热量并能导致可燃物着火，所以，设备的高温表面和高温物体发出的热辐射都是引起火灾事的高温点火源。

① 高温表面。生产中的加热装置、高温物料输送管线、高压蒸汽管、电炉、大功率的照明灯具等，其表面温度比较高，能够向可燃物传递热量并导致可燃物燃烧。控制高温表面成为点火源的基本措施有冷却降温、绝热保温、隔离等，这些措施能有效地降低物质表面温度。具体措施如下：

a. 防止可燃物料与高温设备、管道表面相接触，对一些自燃点较低的物料尤其需注意。不能在高温管道和设备上烘烤可燃物件；可燃物料的排放口应远离高温物体表面；沉落在高温物体表面上的可燃物料和污垢要及时清除，防止因高温表面引起物料的自燃分解。

b. 工艺装置中的高温设备和管道要有隔热保护层。隔热材料为不燃材料，并应定期检查其完好状况，发现隔热材料被泄漏介质浸蚀破损，应及时更换。

c. 加热温度高于物料自燃点的工艺过程，要严防物料外泄或空气渗入设备系统。如需排送高温可燃物料，不得用压缩空气，应用氮气压送。

d. 在散发可燃粉尘、纤维的厂房内，集中采暖的热媒温度不应过高。一般要求热水采暖不应超过 130 ℃，蒸汽采暖不应超过 110 ℃，采暖设备表面应光滑不沾灰尘。在有二硫化碳等低自燃的厂（库）房内，采暖的热媒温度不应超过 90 ℃。

② 热辐射。高温热源发射出的热辐射在某种条件下有引燃可燃物的危险，其主要特征是非直接接触可燃物即可引起燃烧。例如，阳光的照射不仅会成为某些化学物品的起爆能源，还能通过凸透镜、烧瓶（特别是圆瓶）或含有气泡的玻璃窗等聚焦（聚焦后的日光能达到很高的温度）引起可燃物着火。某些化学物质，如氯气与氢气、氢气与乙烯的混合气能在日光的作用下剧烈反应而爆炸；乙醚在阳光的作用下能生成过氧化物；硝化纤维在日光下暴晒，

自燃点能降低，并能自行着火；盛装低沸点易燃液体的铁桶如盛装过满，热天在烈日下暴晒，液体受热影胀会使铁桶爆裂；压缩或液化气体钢瓶在强烈日光下存放，瓶内压力会增加甚至爆炸等。

采取遮挡阳光、加强通风、冷却降温、绝热保温等措施，能有效地防止热辐射成为可燃物的点火源。例如：对于见光能反应的化学物品应选用金属或暗色玻璃盛装，为了避免日光照射，这类物品的车间、库房应在窗户玻璃上涂以白漆，或采用磨砂玻璃；易燃易爆危险品及受热容易蒸发析离出气体的物质，不得在日光下暴晒；盛装易燃易爆物品的容器应不产生聚焦（如玻璃体无气泡、疤痕）等。

（3）电气点火源的控制。

① 电火花。电火花是电极间的击穿放电形成的，大量的电火花汇集形成电弧。电火花和电弧的温度很高，可达 3 000 ~ 6 000 ℃，具有很大的能量，不仅能够引起可燃物质燃烧，还能使金属熔化、飞溅。

根据放电机理和产生电火花的部位不同，电火花可以分为：高电压的火花放电，如 X 射线发生装置放电，静电装置放电，雷电等；短时间的弧光放电，如在开闭回路、断开配线、接触不良、短路、漏电、灯泡破碎等情况下的放电；接点上的微弱火花放电，如自动控制用的继电器接点上因开闭而产生的放电。

电气设备在生产中必不可少并大量使用，而且有的电气设备在正常运行和事故运行时都会产生火花，因此，完全避免电火花的产生是很困难的，为此，必须要有严格的设计、安装、使用、维修制度，把电火花的危害降低到最低程度。火灾危险区内的电气设备选型、安装、电力线路敷设，均应符合《爆炸和火灾危险环境电力装置设计范》的要求。

② 静电火花。静电火花是由于储存在带电物体内静电能量的快速释放使带电物体附近的物质产生电离而形成的。静电火花放电一般伴随着声光现象，属于高电压火花放电的一种。静电火花可以导致可燃物燃烧、爆炸，对需要点火能量小的可燃气体或蒸气尤其严重，如油罐车装油时爆炸、用汽油擦地时着火等。静电火花放电具有隐蔽性，是一种危害很大的点火源，因此，在有汽油、苯、氢气等易燃物质的场所，要特别注意防止静电危害。

工业生产和生活中的大多数静电是由于不同物质的接触和分离或互相摩擦而产生的。例如，生产工艺中的挤压、切割、搅拌、喷溅、流动和过滤以及生活中的行走、起立、穿脱衣服等都会产生静电。

预防静电火花的方法有两种：一是抑制静电的产生；二是迅速把产生的静电泄掉。

a. 抑制静电的产生。产生静电的主要原因在于两种相互接触、发生摩擦的物质的带电极性不同。选用在带电序列中相近的物质，在某种程度上可以抑制产生静电。此外，减少不必要的摩擦、接触和分离也能抑制静电的产生。

b. 静电的中和。对于不可避免产生静电的场合，要采取措施将静电迅速消散，防止集聚，一般做法有接地、添加抗静电剂、添加导电填料以及增加空气湿度等。

（4）冲击点火源的控制。

① 摩擦与撞击。某些物质相互冲击碰撞或摩擦会产生火花，这种火花是撞击或摩擦下来的高温固体微粒，若温度足够高可能点燃周围的可燃物。机器上转动部分摩擦生成的高热也会成为点火源。

摩擦与撞击产生的火星颗粒较大时，携带的能量较多（火星具有 0.1 ~ 1 mm 的直径时，其所带的能量为 1.76～1 760 mJ)，足以点燃可燃气体、蒸气和粉尘。因此，在有火灾爆炸危险的场所，为免摩擦与撞击引起火灾或爆炸，应采取以下措施。

a. 及时清除附着于机械转动部位的可燃粉尘、油污等，添加润滑剂，保证转动部位具有良好的润滑。

b. 机械设备可能发生摩擦撞击部位应采用铅、铜、铝等能防止产生火星的材料；不能使用有色金属制造的某些设备中应采用惰性气体保护或真空操作。

c. 在机器、设备上安装电磁离吸器，以防止金属零部件脱落后掉入机器设备而产生撞击火花。

d. 搬运盛放可燃气体、易燃液体的金属容器时，严禁抛掷、拖拉、震动和互相撞击。

e. 禁止穿带钉子的鞋进入有燃烧爆炸危险的生产区域，特别危险的部位，地面应采用不发火地面。

② 绝热压缩。在与周围没有热交换的状态下压缩气体，压缩过程所耗功将全部转变成热能。这种热能蓄积于气体内使其温度升高，会构成点火源。实验表明，若硝化甘油液滴中含有直径为 5×10^{-2} mm 的空气泡，在冲击能的作用下受到绝热压缩，瞬间升温，可使硝化甘油液滴的一部分被加热到着火点而爆炸。

硝化甘油、硝化甘醇、硝酸酯等爆炸敏感度高的液体，以及某些氧化物与可燃物的混合物含有气泡时，在绝热压缩过程中易起火爆炸。在关闭压缩机的排水阀、排出塔、槽中的物料以及抽出成品时，开关动作过快，都可能造成绝热压缩而异常升温。

防止绝热压缩成为点火源的根本方法是尽量避免或控制可能出现热压缩的操作。例如，在启闭压缩机的排水阀、放出塔槽中的排出物以及抽出成品时开关动作要缓慢；限制气流在管道中的流速以防止绝热压缩造成异常升温。在处理液态爆炸性物质及熔融态炸药等物质时，应排除物料中夹杂的各类气泡，以防出现绝热压缩现象。

4. 控制工艺参数

工艺参数主要是指生产过程中的操作温度、压力、物料流量、原材料配比等。工艺参数失控，常常是造火灾爆炸事故的根源之一，严格控制工艺参数，使之处于安全限度之内，是防火的根本措施之一。

二、灭火的基本方法

灭火就是控制和破坏已经形成的燃烧条件，或者使燃烧反应中的游离基消失，以迅速熄灭或阻止物质的燃烧，最大限度地减少火灾损失。根据燃烧条件和同火灾做斗争的实践经验，灭火的基本方法有 4 种。

1. 隔离法

隔离就是将未燃烧的物质与正在燃烧的物质隔开或疏散到安全地点，燃烧会因缺乏可燃物而停止。这是扑灭火灾比较常用的方法，适用扑救各种火灾。在灭火中，根据不同情况，一般可采取下列措施：① 关闭可燃气体、液体管道的阀门，以减少和阻止可燃物进入燃烧区。

② 将火源附近的可燃、易燃、易爆和助燃物品搬走。③ 排除生产装置、容器内的可燃气体或液体。④ 设法阻挡流散的液体。⑤ 拆除与火源毗连的易燃建（构）筑物，形成阻止火势蔓延的空间地带。⑥ 用高压密集射流封闭的方法扑救井喷火灾。

2. 窒息法

窒息就是隔绝空气或稀释燃烧区的空气氧含量，使可燃物得不到足够的氧气而停止燃烧。它适用于扑救容易密封的容器设备、房间、洞室和工艺装置或船舱内的火灾。在灭火中，根据不同情况，可采取下列基本措施：① 用干砂、湿棉被、帆布、海草等不燃或难燃物覆盖燃烧物，阻止空气流入燃烧区，使已经燃烧的物质得不到足够的氧气而熄灭。② 用水蒸气或惰性气体（如 CO_2、N_2）灌注容器设备以稀释空气，条件允许时，也可用水淹没的方法灭火。③ 密闭起火建筑、设备的孔洞和洞室。④ 用泡沫覆盖在燃烧物上使之窒息。

3. 冷却法

冷却就是将灭火剂直接喷射到燃烧物上，将燃烧物的温度降到低于燃点，使燃烧停止，或者将灭火剂喷洒在火源附近的物体上，使其不受火焰辐射热的威胁，避免形成新的火点，将火灾迅速控制和扑灭。最常见的方法，就是用水冷却灭火。比如，一般房屋、家具、木柴、棉花、布匹等可燃物都可以用水冷却灭火。二氧化碳灭火剂的冷却效果也很好，可以用来扑灭精密仪器、文书档案等贵重物品的初期火灾。还可用水冷却建（构）筑物、生产装置、设备容器，以减弱或消除火焰辐射热的影响。但采用水冷却灭火时，应首先掌握"不见明火不射水"这个防止水渍损失的原则，当明火焰熄灭后，应立即减少水枪支数和水流量，防止水渍损失。同时，对不能用水冷却法扑救的火灾，切忌用水冷却灭火。

4. 抑制法

这是基于燃烧是一种链锁反应的原理，使灭火剂参与燃烧的链锁反应，可以销毁燃烧过程中产生的游离基，形成稳定分子或低活性游离基，从而使燃烧反应停止，达到灭火的目的，采用这种方法的灭火剂，目前主要有卤代烷灭火剂和干粉灭火剂。但卤代烷灭火剂对环境有一定污染，特别是对大气臭氧层有破坏作用，生产和使用将会受到限制，各国正在研制灭火效果好且无污染的新型高效灭火剂来代替。

在火场上究竟采用哪种灭火方法，应根据燃烧物质的性质、燃烧特点和火场的具体情况以及消防器材装备的性能进行选择。有些火场，往往需要同时使用几种灭火方法，比如用干粉灭火时，还要采用必要的冷却降温措施，以防止复燃。

三、火灾事故的发展过程

根据室内火灾温度随时间的变化特点，将火灾发展分为四个阶段，即初起、发展、猛烈燃烧、熄灭阶段。

1. 初起阶段

燃烧范围不大，建筑物本身尚未燃烧，燃烧仅限于初始起火点附近；室内温差大，在燃烧区域及其附近存在高温，室内平均温度低，燃烧蔓延速度较慢，在蔓延过程中火势不稳定，燃烧蔓延时间因点火源、可燃物性质和分布、通风条件等影响，差别很大。

2. 发展阶段

火灾范围迅速扩大，除室内可燃物、家具等卷入燃烧外，建筑物的可燃装修由局部燃烧迅速扩大，温升很快，当达到室内固体可燃物全表面燃烧温度时，被高温烘烤分解、挥发出的可燃气体使整个房间充满火焰。

3. 猛烈燃烧阶段

房间内所有可燃物都在猛烈燃烧，房间内温度迅速升高，持续性高温，火灾高温烟气从房间开口大量喷出，火灾蔓延到建筑物其他部分。建筑构件承载力不断下降，甚至造成局部或整体坍塌破坏。

4. 熄灭阶段

猛烈燃烧后期，可燃物数量不断减少，燃烧速度递减，温度逐步下降，火灾熄灭。

【能力提升训练】

结合所学知识，通过查阅文献、上网等方式，分析某生产金属钠的厂房应采取哪些防火措施。

【归纳总结提高】

1. 根据燃烧的条件，灭火基本原理分为（　　　）、（　　　）、（　　　）和（　　　）。

2. 根据室内火灾温度随时间的变化特点，将火灾发展分为（　　　）、（　　　）、（　　　）和（　　　）四个阶段。

3. 根据火灾发展特点，灭火的最佳时期是（　　　）。

项目二　建筑分类与耐火等级

【学习目标】

掌握建筑分类标准，能够判定建筑的类别；掌握建筑材料的燃烧性能、建筑构件的耐火极限和建筑的耐火等级。

【知识储备】

一、建筑分类

民用建筑根据其建筑高度和层数可分为地下建筑、单多层民用建筑和高层民用建筑。高层民用建筑根据其建筑高度、使用功能和楼层的建筑面积可分为一类和二类。民用建筑的分类应符合表 3-1 的规定。

表 3-1　民用建筑的分类

名称	高层民用建筑		单、多层民用建筑
	一类	二类	
住宅建筑	建筑高度大于 54 m 的住宅建筑(包括设置商业服务网点的住宅建筑)	建筑高度大于 27 m,但不大于 54 m 的住宅建筑(包括设置商业服务网点的住宅建筑)	建筑高度不大于 27 m 的住宅建筑(包括设置商业服务网点的住宅建筑)
公共建筑	1. 建筑高度大于 50 m 的公共建筑; 2. 任一楼层建筑面积大于 1 000 m² 的商店、展览、电信、邮政、财贸金融建筑和其他多种功能组合的建筑; 3. 医疗建筑、重要公共建筑、独立建造的老年人照料设施; 4. 省级及以上的广播电视和防灾指挥调度建筑、网局级和省级电力调度建筑; 5. 藏书超过 100 万册的图书馆、书库	除一类高层公共建筑外的其他高层公共建筑	1. 建筑高度大于 24 m 的单层公共建筑。 2. 建筑高度不大于 24 m 的其他公共建筑

注：半地下室是指房间地面低于室外设计地面的平均高度大于该房间平均净高 1/3，且不大于 1/2 者。地下室是指房间地面低于室外设计地面的平均高度大于该房间平均净高 1/2 者。

二、建筑材料的燃烧性能

建筑材料的燃烧性能直接关系到建筑物的防火安全。按照我国《建筑材料及制品燃烧性能分级》（GB 8624—2012）的规定，建筑材料及制品燃烧性能的基本分级为 A、B1、B2、B3。建筑材料及制品的燃烧性能等级见表 3-2。

表 3-2　建筑材料及制品的燃烧性能等级

建筑材料及制品的燃烧性能等级	名称
A	不燃材料（制品）
B1	难燃材料（制品）
B2	可燃材料（制品）
B3	易燃材料（制品）

不燃性，指用不燃烧材料制成的构件。不燃烧材料是指在空气中受到火烧或高温作用时不起火、不微燃、不炭化的材料。

难燃性，指用难燃烧材料制成的构件，或用带有非燃烧材料保护层的燃烧材料制成的构件。难燃烧材料指在空气中受到火烧或高温作用时难起火、难微燃、难碳化，当火源移走后燃烧或微燃立即停止的材料。

可燃性，指用燃烧材料制成的构件。燃烧材料是指在空气中受到火烧或高温作用时，立即能起火燃烧或微燃，且火源移走后仍继续燃烧或微燃的材料，如木材等。

选取建筑材料应符合现行国家消防技术标准的要求，优先选取不燃、难燃材料，控制减少可燃材料的使用，杜绝使用易燃材料，保障建筑的消防安全。

三、建筑构件的耐火极限

建筑构件主要包括建筑内的墙、柱、梁、楼板、门、窗等，一般来讲，建筑构件的耐火性能取决于构件的燃烧性能和耐火极限。耐火建筑构配件在火灾中起着阻止火势蔓延、延长支撑时间的作用。

建筑构件的耐火极限指建筑构件遇火后能不倒塌、阻止火势蔓延的时间。对建筑构件进行耐火试验，从受到火的作用起，到失去支持能力或完整性被破坏或失去隔火作用时为止的这段时间，即为该构件的耐火极限，用小时（h）表示。

四、建筑的耐火等级

对于不同类型、性质的建筑物提出不同的耐火等级要求，可做到既有利于消防安全，又有利于节约基本建设投资。建筑构件的耐火极限是衡量建筑物耐火等级的主要指标。

1. 建筑耐火等级的划分依据

我国现行规范选择楼板作为确定建筑物耐火极限的基准。这是因为楼板是众多建筑构件中最具代表性的重要构件，它直接承载人和物，它的耐火极限高低对建筑物的人员疏散、火灾扑救及灾后能否迅速恢复使用有极大的影响。根据规范确定建筑物的耐火极限，首先确定该建筑物内楼板的极限。其他构件，比楼板重要者，其耐火极限应高于楼板；比楼板次要者，可适当降低其耐火极限要求。

2. 建筑耐火等级的划分

我国现行国家消防技术标准《建筑设计防火规范》将建筑耐火等级从高到低划分为一、二、三、四级。一级最高，四级最低。由于各类建筑的使用性质、重要程度、规模大小、层数高低和火灾危险性存在差异，所要求的耐火程度也有所不同。

（1）厂房和仓库的耐火等级。

厂房、仓库主要指除炸药厂（库）、花炮厂（库）、炼油厂外的厂房及仓库。厂房和仓库的耐火等级分一、二、三四级，相应建筑构件的燃烧性能和耐火极限见表3-3。

表3-3 厂房和仓库建筑构件的燃烧性能和耐火极限 h

构件名称		耐火等级			
		一级	二级	三级	四级
墙	防火墙	不燃性 3.00	不燃性 3.00	不燃性 3.00	不燃性 3.00
	承重墙	不燃性 3.00	不燃性 2.50	不燃性 2.00	难燃性 0.50
	楼梯间和前室的墙 电梯井的墙	不燃性 2.00	不燃性 2.00	不燃性 1.50	难燃性 0.50
	疏散走道两侧的隔墙	不燃性 1.00	不燃性 1.00	不燃性 0.5	难燃性 0.25
	非承重外墙房间隔墙	不燃性 0.75	不燃性 0.50	难燃性 0.5	难燃性 0.25

构件名称	耐火等级			
	一级	二级	三级	四级
柱	不燃性 3.00	不燃性 2.50	不燃性 2.00	难燃性 0.50
梁	不燃性 2.00	不燃性 1.50	不燃性 1.00	难燃性 0.50
楼板	不燃性 1.50	不燃性 1.00	不燃性 0.75	难燃性 0.50
屋顶承重构件	不燃性 1.50	不燃性 1.00	难燃性 0.5	可燃性
疏散楼梯	不燃性 1.50	不燃性 1.00	不燃性 0.75	可燃性
吊顶（包括吊顶格栅）	不燃性 0.25	难燃性 0.25	难燃性 0.15	可燃性

注：二级耐火等级建筑内采用不燃材料的吊顶，其耐火极限不限。

（2）民用建筑的耐火等级。

民用建筑的耐火等级分为一、二、三、四级，除规范另有规定者外，不同耐火等级建筑物相应构件的燃烧性能和耐火极限不应低于表 3-4 的规定。

表 3-4　民用建筑构件的燃烧性能和耐火极限　　　　　　　　　h

构件名称		耐火等级			
		一级	二级	三级	四级
墙	防火墙	不燃性 3.00	不燃性 3.00	不燃性 3.00	不燃性 3.00
	承重墙	不燃性 3.00	不燃桂 2.50	不燃性 2.00	难燃性 0.50
	非承重外墙	不燃性 1.00	不燃性 1.00	不燃性 0.50	可燃性
	楼梯间和前室的墙 电梯井的墙 住宅建筑单元之间的墙和 分户墙	不燃性 2.00	不燃性 2.00	不燃性 1.50	难燃性 0.50
	疏散走道两侧的隔墙	不燃性 1.00	不燃性 1.00	不燃性 0.50	难燃性 0.25
	房间隔墙	不燃性 0.75	不燃性 0.50	难燃性 0.50	难燃性 0.25
柱		不燃性 3.00	不燃性 2.50	不燃性 2.00	难燃性 0.50
梁		不燃性 2.00	不燃性 1.50	不燃性 1.00	难燃性 0.50
楼板		不燃性 1.50	不燃性 1.00	不燃性 0.50	可燃性
屋顶承重构件		不燃性 1.50	不燃性 1.00	不燃性 0.50	可燃性
疏散楼梯		不燃性 1.50	不燃性 1.00	不燃性 0.50	可燃性
吊顶（包括吊顶格栅）		不燃性 0.25	难燃性 0.25	难燃性 0.15	可燃性

注：①除本规范另有规定外，以木柱承重且墙体采用不燃材料的建筑，其耐火等级应按四级确定。
　　②住宅建筑构件的耐火极限和燃烧性能可按现行国家标准《住宅建筑规范》（GB 50368—2005）的规定执行。

3. 建筑耐火等级的检查评定

在实践中检查评定建筑物的耐火等级，可根据建筑结构类型进行判定。

通常情况下，钢筋混凝土的框架结构及板墙结构、砖混结构，可定为一、二耐火等级建筑。用木结构屋顶、钢筋混凝土楼板和砖墙组成的砖木结构，可定为三级耐火等级建筑。以木柱、木屋架承重的可燃结构可定为四级耐火等级建筑。

【能力提升训练】

（1）结合所学知识，试判定你所在学校的教学楼和宿舍分别属于哪一类建筑？

（2）某高层建筑，设计建筑高度为 68 m。建筑的耐火等级为二级，其楼板、梁、柱子的耐火极限分别是 1、2、3 h。请指出该建筑结构耐火方面的问题，并改正。

【归纳总结提高】

1. 根据建筑高度和层数，民用建筑分为几类？简述其分类标准。
2. 建筑材料的燃烧性能分为（　　　）、（　　　）、（　　　）和（　　　）四个等级。
3. 简述建筑耐火等级分类及其判定依据。

项目三　生产储存物品的火灾危险性

【学习目标】

掌握生产和储存的火灾危险性分类及标准，能对常见生产和储存场所进行火灾危险分类的划分。

【知识储备】

一、生产的火灾危险性

生产物品的火灾危险性根据生产物品的性质等因素分为甲、乙、丙、丁、戊类，详见表3-5 的规定。

表 3-5　生产的火灾危险性分类

生产的火灾危险性类别	使用或产生下列物质生产的火灾危险性特征
甲	1. 闪点小于 28 ℃ 的液体； 2. 爆炸下限小于 10% 的气体； 3. 常温下能自行分解或在空气中氧化能导致迅速自燃或爆炸的物质；

生产的火灾危险性类别	使用或产生下列物质生产的火灾危险性特征
甲	4. 常温下受到水或空气中水蒸气的作用，能产生可燃气体并引起燃烧或爆炸的物质； 5. 遇酸、受热、撞击、摩擦、催化以及遇有机物或硫等易燃的无机物，极易引起燃烧或爆炸的强氧化剂； 6. 受撞击、摩擦或与氧化剂、有机物接触时能引起燃烧或爆炸的物质； 7. 在密闭设备内操作温度不小于物质本身自燃点的生产
乙	1. 闪点不小于 28 ℃但小于 60 ℃的液体； 2. 爆炸下限不小于 10%的气体； 3. 不属于甲类的氧化剂； 4. 不属于甲类的易燃固体； 5. 助燃气体； 6. 能与空气形成爆炸性混合物的浮游状态的粉尘、纤维、闪点不小于 60 ℃的液体雾滴
丙	1. 闪点不小于 60 ℃的液体； 2. 可燃固体
丁	1. 对不燃烧物质进行加工，并在高温或熔化状态下经常产生强辐射热、火花或火焰的生产； 2. 利用气体、液体、固体作为燃料或将气体、液体进行燃烧作其他用的各种生产； 3. 常温下使用或加工难燃烧物质的生产
戊	常温下使用或加工不燃烧物质的生产

同一座厂房或厂房的任一防火分区内有不同火灾危险性生产时，厂房或防火分区内的生产火灾危险性类别应按火灾危险性较大的部分确定；当生产过程中使用或产生易燃、可燃物的量较少，不足以构成爆炸或火灾危险时，可按实际情况确定；当符合下述条件之一时，可按火灾危险性较小的部分确定：

（1）火灾危险性较大的生产部分占本层或本防火分区建筑面积的比例小于 5%或丁、戊类厂房内的油漆工段小于 10%，且发生火灾事故时不足以蔓延至其他部位或火灾危险性较大的生产部分采取了有效的防火措施。

（2）丁、戊类厂房内的油漆工段，当采用封闭喷漆工艺，封闭喷漆空间内保持负压、油漆工段设置可燃气体探测报警系统或自动抑爆系统，且油漆工段占所在防火分区建筑面积的比例不大于 20%。

生产危险物品的不同火灾危险性类别举例见表 3-6。

表 3-6　生产的火灾危险性分类举例

生产的火灾危险性类别	举　　例
甲类	1. 闪点小于 28℃ 的油品和有机溶剂的提炼、回收或洗涤部位及其泵房，橡胶制品的涂胶和胶浆部位，二硫化碳的粗馏、精馏工段及其应用部位，青霉素提炼部位，原料药厂的非纳西汀车间的烃化、回收及电感精馏部位，皂素车间的抽提、结晶及过滤部位，冰片精制部位，农药厂乐果厂房，敌敌畏的合成厂房、磺化法糖精厂房，氯乙醇厂房，环氧乙烷、环氧丙烷工段，苯酚厂房的磺化、蒸馏部位，焦化厂吡啶工段，胶片厂片基车间，汽油加铅室，甲醇、乙醇、丙酮、丁酮异丙醇、醋酸乙酯、苯等的合成或精制厂房，集成电路工厂的化学清洗间（使用闪点小于 28℃ 的液体），植物油加工厂的浸出车间；白酒液态法酿酒车间、酒精蒸馏塔，酒精度为 38 度及以上的勾兑车间、灌装车间、酒泵房；白兰地蒸馏车间、勾兑车间、灌装车间、酒泵房。 2. 乙炔站，氢气站，石油气体分馏（或分离）厂房，氯乙烯厂房，乙烯聚合厂房，天然气、石油伴生气、矿井气、水煤气或焦炉煤气的净化（如脱硫）厂房压缩机室及鼓风机室，液化石油气灌瓶间，丁二烯及其聚合厂房，醋酸乙烯厂房，电解水或电解食盐厂房，环己酮厂房，乙基苯和苯乙烯厂房，化肥厂的氢氮气压缩厂房，半导体材料厂使用氢气的拉晶间，硅烷热分解室。 3. 硝化棉厂房及其应用部位，赛璐珞厂房，黄磷制备厂房及其应用部位，三乙基铝厂房，染化厂某些能自行分解的重氮化合物生产，甲胺厂房，丙烯腈厂房。 4. 金属钠、钾加工厂房及其应用部位，聚乙烯厂房的一氧二乙基铝部位，三氯化磷厂房，多晶硅车间三氯氢硅部位，五氧化二磷厂房。 5. 氯酸钠、氯酸钾厂房及其应用部位，过氧化氢厂房，过氧化钠、过氧化钾厂房，次氯酸钙厂房。 6. 赤磷制备厂房及其应用部位，五硫化二磷厂房及其应用部位。 7. 洗涤剂厂房石蜡裂解部位，冰醋酸裂解厂房
乙类	1. 闪点大于等于 28℃ 至小于 60℃ 的油品和有机溶剂的提炼、回收、洗涤部位及其泵房，松节油或松香蒸馏厂房及其应用部位，醋酸酐精馏厂房，己内酰胺厂房，甲酚厂房，氯丙醇厂房，樟脑油提取部位，环氧氯丙烷厂房，松针油精制部位，煤油灌桶间。 2. 一氧化碳压缩机室及净化部位，发生炉煤气或鼓风炉煤气净化部位，氨压缩机房。 3. 发烟硫酸或发烟硝酸浓缩部位，高锰酸钾厂房，重铬酸钠（红矾钠）厂房。 4. 樟脑或松香提炼厂房，硫黄回收厂房，焦化厂精萘厂房。 5. 氧气站，空分厂房。 6. 铝粉或镁粉厂房，金属制品抛光部位，煤粉厂房、面粉厂的碾磨部位、活性炭制造及再生厂房，谷物筒仓的工作塔，亚麻厂的除尘器和过滤器室
丙类	1. 闪点大于等于 60℃ 的油品和有机液体的提炼、回收工段及其抽送泵房，香料厂的松油醇部位和乙酸松油脂部位，苯甲酸厂房，苯乙酮厂房，焦化厂焦油厂房，甘油、桐油的制备厂房，油浸变压器室，机器油或变压器油灌桶间，润滑油再生部位，配电室（每台装油量大于 60 kg 的设备），沥青加工厂房，植物油加工厂的精炼部位。 2. 煤、焦炭、油母页岩的筛分、转运工段和栈桥或储仓，木工厂房，竹、藤加工厂房，橡胶制品的压延、成型和硫化厂房，针织品厂房，纺织、印染、化纤生产的干燥部位，服装加工厂房，棉花加工和打包厂房，造纸厂备料、干燥车间，印染厂成品厂房，麻纺厂粗加工车间，谷物加工房，卷烟厂的切丝、卷制、包装车间，印刷厂的印刷车间，毛涤厂选毛车间，电视机、收音机装配厂房，显像管厂装配工段烧枪间，磁带装配厂房，集成电路工厂的氧化扩散间、光刻间，泡沫塑料厂的发泡、成型、印片压花部位，饲料加工厂房，畜（禽）屠宰、分割及加工车间、鱼加工车间

生产的火灾危险性类别	举 例
丁类	1. 金属冶炼、锻造、铆焊、热轧、铸造、热处理厂房。 2. 锅炉房，玻璃原料熔化厂房，灯丝烧拉部位，保温瓶胆厂房，陶瓷制品的烘干、烧成厂房，蒸汽机车库，石灰焙烧厂房，电石炉部位，耐火材料烧成部位，转炉厂房，硫酸车间焙烧部位，电极煅烧工段配电室（每台装油量小于等于 60 kg 的设备）。 3. 难燃铝塑料材料的加工厂房，酚醛泡沫塑料的加工厂房，印染厂的漂炼部位，化纤厂后加工润湿部位
戊类	制砖车间，石棉加工车间，卷扬机室，不燃液体的泵房和阀门室，不燃液体的净化处理工段，除镁合金外的金属冷加工车间，电动车库，钙镁磷肥车间（焙烧炉除外），造纸厂或化学纤维厂的浆粕蒸煮工段，仪表、器械或车辆装配车间，氟利昂厂房，水泥厂的轮窑厂房，加气混凝土厂的材料准备、构件制作厂房

二、储存物品的火灾危险性

储存物品的火灾危险性根据储存物品的性质和储存物品中的可燃物数量等因素分为甲、乙、丙、丁、戊类，详见表 3-7 的规定。

表 3-7 储存物品的火灾危险性分类

储存物品的火灾危险性类别	储存物品的火灾危险性特征
甲	1. 闪点小于 28 ℃ 的液体； 2. 爆炸下限小于 10% 的气体，受到水或空气中水蒸气的作用能产生爆炸下限小于 10% 气体的固体物质； 3. 常温下能自行分解空气中氧化能导致迅速自燃或爆炸的物质； 4. 常温下受到水或空气中水蒸汽的作用，能产生可燃气体并引起燃烧或爆炸的物质； 5. 遇酸、受热、撞击、摩擦以及遇有机物或硫磺等易燃的无机物，极易引起燃烧或爆炸的强氧化剂； 6. 受撞击、摩擦或与氧化剂、有机物接触时能引起燃烧或爆炸的物质
乙	1. 闪点不小于 28 ℃ 但小于 60 ℃ 的液体； 2. 爆炸下限不小于 10% 的气体； 3. 不属于甲类的氧化剂； 4. 不属于甲类的易燃固体； 5. 助燃气体； 6. 常温下与空气接触能缓慢氧化，积热不散引起自燃的物品
丙	1. 闪点不小于 60 ℃ 的液体； 2. 可燃固体
丁	难燃烧物品
戊	不燃烧物品

同一座仓库或仓库的任一防火分区内储存不同火灾危险性物品时，仓库或防火分区的火灾危险性应按火灾危险性最大的物品确定。

丁、戊类储存物品仓库的火灾危险性，当可燃物包装重量大于物品本身重量 1/4 或可燃物包装体积大于物品本身体积的 1/2 时，应按丙类确定。

储存危物品的不同火灾危险性类别举例见表 3-8。

表 3-8　储存物品的火灾危险性分类举例

火灾危险性类别	举　例
甲类	1. 己烷，戊烷，环戊烷，石脑油，二硫化碳，苯、甲苯，甲醇、乙醇，乙醚，蚁酸甲脂、醋酸甲酯、硝酸乙酯，汽油，丙酮，丙烯，酒精度为 38 度及以上的白酒。 2. 乙炔，氢，甲烷，环氧乙烷，水煤气，液化石油气，乙烯、丙烯、丁二烯，硫化氢，氯乙烯，电石，碳化铝。 3. 硝化棉，硝化纤维胶片，喷漆棉，火胶棉，赛璐珞棉，黄磷。 4. 金属钾、钠、锂、钙、锶，氢化锂、氢化钠，四氢化锂铝。 5. 氯酸钾、氯酸钠，过氧化钾、过氧化钠，硝酸铵赤磷，五硫化磷，三硫化磷
乙类	1. 煤油，松节油，丁烯醇、异戊醇，丁醚，醋酸丁酯、硝酸戊脂，乙酰丙酮，环己胺，溶剂油，冰醋酸，樟脑油，蚁酸。 2. 氨气，液氯。 3. 硝酸铜，铬酸，亚硝酸钾，重铬酸钠，铬酸钾，硝酸，硝酸汞、硝酸钴，发烟硫酸，漂白粉。 4. 硫黄，镁粉，铝粉，赛璐珞板（片），樟脑，萘，生松香，硝化纤维漆布，硝化纤维色片。 5. 氧气，氟气。 6. 漆布及其制品，油布及其制品，油纸及其制品，油绸及其制品
丙类	1. 动物油、植物油，沥青，蜡，润滑油、机油、重油，闪点大于等于 60 ℃ 的柴油，糖醛，白兰地成品库。 2. 化学、人造纤维及其织物，纸张，棉、毛、丝、麻及其织物，谷物，面粉，粒径大于等于 2 mm 的工业成型硫黄，天然橡胶及其制品，竹、木及其制品，中药材，电视机、收录机等电子产品，计算机房已录数据的磁盘储存间，冷库中的鱼、肉间
丁类	自熄性塑料及其制品，酚醛泡沫塑料及其制品，水泥刨花板
戊类	钢材、铝材、玻璃及其制品，搪瓷制品、陶瓷制品，不燃气体，玻璃棉、岩棉、陶瓷棉、硅酸铝纤维、矿棉，石膏及其无纸制品，水泥、石、膨胀珍珠岩

【能力提升训练】

某仓库储存有 5 t 玻璃灯具，其外包装为重 1.5 t 的木箱，试对该厂库进行火灾危险性判定？

【归纳总结提高】

生产和储存场所根据火灾危险性分为几类？简述其分类标准。

项目四　建筑总平面布置

【学习目标】

掌握防火间距的意义，了解不同建筑防火间距设置要求。掌握常见消防设施的种类、设置要求和使用注意事项。

【知识储备】

一、概　述

1. 周围环境要求

各类建筑在规划建设时，要考虑周围环境的相互影响。特别是工厂、仓库选址时既要考虑本单位的安全，又要考虑邻近的企业和居民的安全。

2. 地势条件要求

建筑选址时，要充分考虑和利用自然地形、地势条件。

3. 考虑主导风向

散发可燃气体、可燃蒸气和可燃粉尘的车间、装置等，宜布置在明火或散发火花地点的常年主导风向的下风或侧风向等。

4. 划分功能区

规模较大的企业，要合理划分生产区、储存区（包括露天储存区）、生产辅助设施区、行政办公和生活区等。同一企业内，若有不同火灾危险的生产建筑，则应尽量将火灾危险性相同的或相近的建筑集中布置，以利采取防火防爆措施，便于安全管理。易燃、易爆的工厂、仓库的生产区、储存区内不得修建办公楼、宿舍等民用建筑。

二、防火间距

1. 防火间距的含义

防止着火建筑在一定时间内引燃相邻建筑，便于消防扑救的间隔距离称为防火间距。

为了防止建筑物发生火灾后，因热辐射等作用与相邻建筑物之间相互蔓延，并为消防扑救创造条件，各类建（构）筑物、堆场、储罐、电力设施等之间应保持一定的防火间距。

2. 防火间距的确定原则

影响防火间距的因素很多，火灾时建筑物可能产生的热辐射强度是确定防火间距应考虑的主要因素。热辐射强度与消防扑救力量、火灾延续时间、可燃物的性质和数量、相对外墙开口面积的大小、建筑物的长度和高度以及气象条件等有关。

3. 厂房的防火间距

厂房之间及其与乙、丙、丁戊类仓库、民用建筑等之间的防火间距不应小于表3-9的规定。

表 3-9　厂房之间及与乙、丙、丁、戊类仓库、民用建筑的防火间距　　　　　m

名称			甲类厂房 单、多层 一、二级	乙类厂房（仓库）单、多层 一、二级	乙类厂房（仓库）单、多层 三级	乙类厂房（仓库）高层 一、二级	丙、丁、戊类厂房（仓库）单、多层 一、二级	丙、丁、戊类厂房（仓库）单、多层 三级	丙、丁、戊类厂房（仓库）单、多层 四级	丙、丁、戊类厂房（仓库）高层 一、二级	民用建筑 裙房，单、多层 一、二级	民用建筑 裙房，单、多层 三级	民用建筑 裙房，单、多层 四级	民用建筑 高层 一类	民用建筑 高层 二类
甲类厂房	单、多层	一、二级	12	12	14	13	12	14	16	13	25	25	25	50	50
乙类厂房	单、多层	一、二级	12	10	12	13	10	12	14	13	25	25	25	50	50
乙类厂房	单、多层	三级	14	12	14	15	12	14	16	15	25	25	25	50	50
乙类厂房	高层	一、二级	13	13	15	13	13	15	17	13	25	25	25	50	50
丙类厂房	单、多层	一、二级	12	10	12	13	10	12	14	13	10	12	14	20	15
丙类厂房	单、多层	三级	14	12	14	15	12	14	16	15	12	14	16	25	20
丙类厂房	单、多层	四级	16	14	16	17	14	16	18	17	14	16	18	25	20
丙类厂房	高层	一、二级	13	13	15	13	13	15	17	13	13	15	17	20.	15
丁、戊类厂房	单、多层	一、二级	12	10	12	13	10	12	14	13	10	12	14	15	13
丁、戊类厂房	单、多层	三级	14	12	14	15	12	14	16	15	12	14	16	18	15
丁、戊类厂房	单、多层	四级	16	14	16	17	14	16	18	17	14	16	18	18	15
丁、戊类厂房	高层	一、二级	13	13	15	13	13	15	17	13	13	15	17	15	13
室外变配电站	变压器总油量（t）	≥5，≤10	25	25	25	25	12	15	20	12	15	20	25	20	20
室外变配电站	变压器总油量（t）	>10，≤50	25	25	25	25	15	20	25	15	20	25	30	25	25
室外变配电站	变压器总油量（t）	>50					20	25	30	20	25	30	35	30	30

注：① 乙类厂房与重要公共建筑的防火间距不宜小于 50 m，与明火或散发火花地点，不宜小于 30 m。单、多层戊类厂房之间及与戊类仓库的防火间距可按本表的规定减少 2 m，与民用建筑的防火间距可将戊类厂房等同民用建筑按《建筑设计防火规范》第 5.2.2 条的规定执行。为丙、丁、戊类厂房服务而单独设置的生活用房应按民用建筑确定，与所属厂房的防火间距不应小于 6 m。确需相邻布置时，应符合本表注②、③的规定。

② 两座厂房相邻较高一面外墙为防火墙时，其防火间距不限，但甲类厂房之间不应小于 4 m。两座丙、丁、戊类厂房相邻两面外墙均为不燃性墙体，当无外露的可燃性屋檐，每面外墙上的门、窗、洞口面积之和各不大于外墙面积的 5%，且门、窗、洞口不正对开设时，其防火间距可按本表的规定减少 25%。甲、乙类厂房（仓库）不应与《建筑设计防火规范》第 3.3.5 规定外的其他建筑贴邻。

③ 两座一、二级耐火等级的厂房，当相邻较低一面外墙为防火墙且较低一座厂房的屋顶无天窗、屋顶的耐火极限不低于 1.00 h，或相邻较高一面外墙的门、窗等开口部位设置甲级防火门、窗或防火分隔水幕或按《建筑设计防火规范》第 6.5.3 条的规定设置防火卷帘时，甲、乙类厂房之间的防火间距不应小于 6 m；丙、丁、戊类厂房之间的防火间距不应小于 4 m。

④ 发电厂内的主变压器，其油量可按单台确定。

⑤ 耐火等级低于四级的既有厂房，其耐火等级可按四级确定。

⑥ 当丙、丁、戊类厂房与丙、丁、戊类仓库相邻时，应符合本表注②、③的规定。

4. 仓库的防火间距

甲类仓库之间及其与其他建筑、明火或散发火花地点、铁路、道路等的防火间距不应小于表 3-10 中的规定。

表 3-10　甲类仓库之间及与其他建筑、明火或散发火花地点、铁路、道路等的防火间距　　　m

名称		甲类仓库（储量，t）			
		甲类储存物品第 3、4 项		甲类储存物品第 1、2、5、6 项	
		≤5	>5	≤10	>10
高层民用建筑、重要公共建筑		50			
裙房、其他民用建筑、明火或散发火花地点		30	40	25	30
甲类仓库		20	20	20	20
厂房和乙、丙、丁、戊类仓库	一、二级	15	20	12	15
	三级	20	25	15	20
	四级	25	30	20	25
电力系统电压为 35～500 kV 且每台变压器容量不小于 10 MV·A 的室外变、配电站，工业企业的变压器总油量大于 5 t 的室外降压变电站		30	40	25	30
厂外铁路线中心线		40			
厂内铁路线中心线		30			
厂外道路路边		20			
厂内道路路边	主要	10			
	次要	5			

注：甲类仓库之间的防火间距，当第 3、4 项物品储量不大于 2 t，第 1、2、5、6 项物品储量不大于 5 t 时，
　　不应小于 12 m，甲类仓库与高层仓库的防火间距不应小于 13 m。

5. 民用建筑的防火间距

民用建筑之间的防火间距不应小于表 3-11 中的规定。

表 3-11　民用建筑之间的防火间距　　　m

建筑类别		高层民用建筑	裙房和其他民用建筑		
		一、二级	一、二级	三级	四级
高层民用建筑	一、二级	13	9	11	14
裙房和其他民用建筑	一、二级	9	6	7	9
	三级	11	7	8	10
	四级	14	9	10	12

注：① 相邻两座单、多层建筑，当相邻外墙为不燃性墙体且无外露的可燃性屋檐，每面外墙上无防火保护的
　　　门、窗、洞口不正对开设且该门、窗、洞口的面积之和不大于外墙面积的 5% 时，其防火间距可按本
　　　表的规定减少 25%。
　　② 两座建筑相邻较高一面外墙为防火墙，或高出相邻较低一座一、二级耐火等级建筑的屋顶 15 m 及以
　　　下范围内的外墙为防火墙时，其防火间距不限。
　　③ 相邻两座高度相同的一、二级耐火等级建筑中相邻任一侧外墙为防火墙，屋面板的耐火极限不低于
　　　1.00 h 时，其防火间距不限。
　　④ 相邻两座建筑中较低一座建筑的耐火等级不低于二级，相邻较低一面外墙为防火墙且屋顶无天窗，屋
　　　面板的耐火极限不低于 1.00 h 时，其防火间距不应小于 3.5 m；对于高层建筑，不应小于 4 m。
　　⑤ 相邻两座建筑中较低一座建筑的耐火等级不低于二级且屋顶无天窗，相邻较高一面外墙高出较低一座
　　　建筑的屋面 15 m 及以下范围内的开口部位设置甲级防火门、窗，或设置符合现行国家标准《自动喷
　　　水灭火系统设计规范》GB 50084 规定的防火分隔水幕或《建筑设计防火规范》第 6.5.3 条规定的防火
　　　卷帘时其防火间距不应小于 3.5 m；对于高层建筑，不应小于 4 m。
　　⑥ 相邻建筑通过连廊、天桥或底部的建筑物等连接时，其间距不应小于本表的规定。
　　⑦ 耐火等级低于四级的既有建筑，其耐火等级可按四级确定。

三、救援设施

1. 消防车道

设置消防车道的目的是保证发生火灾时，消防车能畅通无阻，迅速到达火场，及时扑救灭火，减少火灾损失。消防车道可以利用交通道路，但在通行的净高度、净宽度、地面承载力、转弯半径等方面应满足消防车通行与停靠的需求，并保证畅通。

消防车道的设置应根据当地消防部队使用的消防车辆的外形尺寸、载重、转弯半径等消防车技术参数，以及建筑物的体量大小、周围通行条件等因素确定。消防车道的具体设置应符合国家有关消防技术标准的规定，主要是：

（1）尽头式消防车道应设置回车道或回车场。回车场的面积不应小于 12 m×12 m，对于高层建筑不宜小于 15 m×15 m，供重型消防车使用时不宜小于 18 m×18 m。

（2）对于一些使用功能多、面积大、建筑长度长的建筑，如 L 形、U 形建筑，当其沿街长度超过 150 m，或总长度大于 220 m 时，应在适当位置设置穿过建筑物的消防车道。

（3）高层民用建筑，超过 3 000 个座位的体育馆，超过 2 000 个座位的会堂，占地面积大于 3 000 m² 商店建筑、展览建筑等单、多层公共建筑应设置环形消防车道，确有困难时，可沿建筑的两个长边设置消防车道；对于高层住宅建筑和山坡地或河道边临空建造的高层民用建筑，可沿建筑的一个长边设置消防车道，但该长边所在建筑立面应为消防车登高操作面。

（4）高层厂房，占地面积大于 3 000 m² 的甲、乙、丙类厂房和占地面积大于大于 1 500 m² 的乙、丙类仓库，应设置环形消防车道，确有困难时，应沿建筑物的两个场边设置消防车道。

（5）有封闭内院或天井的建筑物，当内院或天井的短边长度大于 24 m 时，宜设置进入内院或天井的消防车道；当该建筑物沿街时，应设置连通街道和内院的人行通道（可利用楼梯间），其间距不宜大于 80 m。

（6）在穿过建筑物或进入建筑物内院的消防车道两侧，不应设置影响消防车通行或人员安全疏散的设施。供消防车取水的天然水源和消防水池应设置消防车道。消防车道的边缘距离取水点不宜大于 2 m。

（7）消防车道的净宽度和净空高度均不应小于 4.0 m。消防车道距高层建筑外墙宜大于 5.0 m，消防车道的坡度不宜大于 8%。

2. 登高面、消防救援场地和灭火救援窗

（1）消防登高面的设置要求。

消防登高面是指登高消防车能够靠近高层主体建筑，便于消防车作业和消防人员进入高层建筑抢救人员和扑救火灾的建筑立面，也叫建筑的消防扑救面。

对于高层建筑，应根据建筑的立面和消防车道等情况，合理确定建筑的消防登高面。高层建筑应至少沿一条长边或周边长度的 1/4 且不小于一条长边长度的底边，连续布置消防车登高操作场地，该范围内的裙房进深不应大于 4 m，高度不大于 5 m。建筑高度不大于 50 m 的建筑，连续布置消防车登高操作场地有困难时，可间隔布置，但间隔距离不宜大于 30 m。

建筑物与消防车登高操作场地相对应的范围内，应设置直通室外的楼梯或直通楼梯间的入口，方便救援人员快速进入建筑展开灭火和救援。

（2）消防救援场地的设置要求。

消防救援场地在高层建筑的消防登高面一侧，地面必须设置消防车道和供消防车停靠并进行灭火救人的作业场地。

消防车登高操作场地应符合下列规定：

① 场地与厂房、仓库、民用建筑之间不应设置妨碍消防车操作的树木、架空管线等障碍物和车库出入口。

② 场地的长度和宽度分别不应小于 15 m 和 10 m。对于建筑高度大于 50 m 的建筑，场地的长度和宽度分别不应小于 20 m 和 10 m。

③ 场地及其下面的建筑结构、管道和暗沟等应能承受重型消防车的压力。

④ 场地应与消防车道连通，场地靠建筑外墙一侧的边缘距离建筑外墙不宜小于 5 m，且不应大于 10 m，场地的坡度不宜大于 3%。

⑤ 建筑物与消防车登高操作场地相对应的范围内，应设置直通室外的楼梯或直通楼梯间的入口。

（3）灭火救援窗的设置要求。

灭火救援窗是在高层建筑的消防登高面一侧外墙上设置的供消防人员快速进入建筑主体且便于识别的灭火救援窗口。厂房、仓库、公共建筑的外墙应每层设置灭火救援窗。

窗口的净高度和净宽度均不应小于 1.0 m，下沿距室内地面不宜大于 1.2 m，间距不宜大于 20 m 且每个防火分区不应少于 2 个，设置位置应与消防车登高操作场地相对应。窗口的玻璃应易于破碎，并应设置可在室外易于识别的明显标志。

3. 消防电梯

对于高层建筑，设置消防电梯能节省消防员的体力，使消防员能快速接近着火区域，提高战斗力和灭火救援效果。

（1）下列建筑应设置消防电梯：

① 建筑高度大于 33 m 的住宅建筑。

② 一类高层公共建筑和建筑高度大于 32 m 的二类高层公共建筑、5 层及以上且总建筑面积大于 3 000 m²（包括设置在其他建筑物内 5 层及以上楼层）的老年人照料设施。

③ 设置消防电梯的建筑的地下或半地下室，埋深大于 10 m 且总建筑面积大于 3 000 m² 的其他地下或半地下建筑（室）。

（2）消防电梯应符合下列规定：

① 应能每层停靠。

② 电梯的载重量不应小于 800 kg。

③ 电梯从首层至顶层的运行时间不宜大于 60 s。

④ 电梯的动力与控制电缆、电线、控制面板应采取防水措施。

⑤ 在首层的消防电梯入口处应设置供消防队员专用的操作按钮。

⑥ 电梯轿厢的内部装修应采用不燃材料。

⑦ 电梯轿厢内部应设置专用消防对讲电话。

结合所学知识，通过查阅文献和上网等方式，分析火灾时逃生能否乘坐电梯？为什么？

1. 简述防火间距设置意义及其主要内容。

2. 尽头式消防车道应设置回车道或回车场，回车场的面积不应小于（　　　）；对于高层建筑，不宜小于（　　　）；供重型消防车使用时，不宜小于（　　　）。

3. 消防车道的净宽度和净空高度均不应小于（　　　）。

4. 消防救援场地的长度和宽度分别不应小于（　　　）和（　　　）。对于建筑高度大于 50 m 的建筑，场地的长度和宽度分别不应小于（　　　）和（　　　）。

5. 灭火救援窗窗口的净高度和净宽度均不应小于（　　　）。

6. 消防电梯的载重量不应小于（　　　）。

项目五　防火分隔

掌握防火防烟分区的定义及意义，了解不同建筑防火防烟分区的划分要求，掌握常见的防火防烟分隔设施及其设置要求。

一、防火分区

防火分区是指采用具有较高耐火极限的墙和楼板等构件作为一个区域的边界构件划分出的，能在一定时间内阻止火势向同一建筑的其他区域蔓延的防火单元。防火分区的面积大小应根据建筑物的使用性质、高度、火灾危险性、消防扑救能力等因素确定。

1. 建筑防火分区的类型

建筑防火分区分为水平防火分区和垂直防火分区。水平防火分区是指在同一个水平面内，采用具有一定耐火能力的防火分隔物如防火墙、防火卷帘、防火门等，将该楼层在水平方向上分隔为若干个防火单元区域，防止火灾在水平方向扩大蔓延。垂直防火分区是指在上下层分别采用一定耐火性能的楼板和窗间墙等构件进行分隔，防止火灾沿着建筑物的各种竖向管道、通道向上部楼层蔓延，或在中庭、敞开楼梯等上下层连通不能分隔的部位采用防火墙、防火卷帘将其与水平各层分隔，形成独立的一个竖向防火单元区域。

2. 防火分隔物

防火分区采用防火分隔物来划分。防火分隔物就是能在一定时间内阻止火势蔓延且能把整个建筑内部空间划分成若干较小防火空间的建筑构件或设备。防火分隔物主要有以下两类。

（1）固定的防火分隔物：防火墙、耐火楼板、防火隔墙。

（2）活动的防火分隔物：防火门、防火窗、防火卷帘、防火水幕，以及通风空调系统中的防火阀、排烟防火阀等。

其中，常见的防火分隔物是防火墙、防火门、防火窗、防火卷帘。各类防火分隔物的燃烧性能、耐火极限和分类等具体参见国家消防技术标准和产品标准。

3. 厂房的防火分区

根据不同的生产火灾危险性类别，合理确定厂房的层数和建筑面积，可以有效防止火灾蔓延扩大，减少损失。各类厂房的防火分区面积应符合表3-12的要求。

表 3-12　厂房的层数和每个防火分区的最大允许建筑面积

生产的火灾危险性类别	厂房的耐火等级	最多允许层数	每个防火分区的最大允许建筑面积/m²			
			单层厂房	多层厂房	高层厂房	地下或半地下厂房（包括地下或半地下室）
甲	一级	宜采用单层	4 000	3 000	—	—
	二级		3 000	2 000	—	
乙	一级	不限	5 000	4 000	2 000	—
	二级	6	4 000	3 000	1 500	
丙	一级	不限	不限	6 000	3 000	500
	二级	不限	8 000	4 000	2 000	500
	三级	2	3 000	2 000	—	—
丁	一、二级	不限	不限	不限	4 000	1 000
	三级	3	4 000	2 000	—	—
	四级	1	1 000	—	—	—
戊	一、二级	不限	不限	不限	6 000	1 000
	三级	3	5 000	3 000	—	—
	四级	1	1 500	—	—	—

注：① 防火分区之间应采用防火墙分隔。除甲类厂房外的一、二级耐火等级厂房，当其防火分区的建筑面积大于本表规定，且设置防火墙确有困难时，可采用防火卷帘或防火分隔水幕分隔。采用防火卷帘时，应符合《建筑设计防火规范》（GB 50016—2014）第 6.5.3 条的规定；采用防火分隔水幕时，应符合现行国家标准《自动喷水灭火系统设计规范》（GB 50084—2001）的规定。

② 除麻纺厂房外，一级耐火等级的多层纺织厂房和二级耐火等级的单、多层纺织厂房，其每个防火分区的最大允许建筑面积可按本表的规定增加 0.5 倍，但厂房内的原棉开包、清花车间与厂房内其他部位之间均应采用耐火极限不低于 2.50 h 的防火隔墙分隔。需要开设门、窗、洞口时，应设置甲级防火门、窗。

③ 一、二级耐火等级的单、多层造纸生产联合厂房，其每个防火分区的最大允许建筑面积可按本表的规定增加 1.5 倍。一、二级耐火等级的湿式造纸联合厂房，当纸机烘缸罩内设置自动灭火系统，完成工段设置有效灭火设施保护时，其每个防火分区的最大允许建筑面积可按工艺要求确定。

④ 一、二级耐火等级的谷物筒仓工作塔，当每层工作人数不超过 2 人时，其层数不限。

⑤ 一、二级耐火等级卷烟生产联合厂房内的原料、备料及成组配方、制丝、储丝和卷接包、辅料周转、成品暂存、二氧化碳膨胀烟丝生产用房应划分独立的防火分隔单元，当工艺条件许可时，应采用防火墙进行分隔。其中制丝、储丝和卷接包车间可划分为一个防火分区，且每个防火分区的最大允许建筑面积可按工艺要求确定，但制丝、储丝及卷接包车间之间应采用耐火极限不低于 2.00 h 的防火隔墙和 1.00 h 的楼板进行分隔。厂房内各水平和竖向防火分隔之间的开口应采取防止火灾蔓延的措施。

⑥ 厂房内的操作平台、检修平台，当使用人数少于 10 人时，平台的面积可不计入所在防火分区的建筑面积内。

⑦ "—"表示不允许。

4. 仓库的防火分区

仓库物资储存比较集中，可燃物数量多，一旦发生火灾，灭火救援难度大，会造成严重经济损失。因此，除了对仓库总的占地面积进行限制外，库房防火分区之间的水平分隔必须采用防火墙分隔，不能采用其他分隔方式替代。设置在地下、半地下的仓库，发生火灾时室内气温高，烟气浓度比较高，热分解产物成分复杂、毒性大，而且威胁上部仓库的安全，因此，甲、乙类仓库不应附设在建筑物的地下室和半地下室内。仓库的耐火等级、层数和面积应符合表 3-13 的规定。

表 3-13　仓库的层数和面积

储存物品的火灾危险性类别		仓库的耐火等级	最多允许层数	每座仓库的最大允许占地面积和每个防火分区的最大允许建筑面积/m²						地下或半地下仓库（包括地下或半地下室）
				单层仓库		多层仓库		高层仓库		
				每座仓库	防火分区	每座仓库	防火分区	每座仓库	防火分区	
甲	3、4项	一级	1	180	60	—	—	—	—	—
	1、2、5、6项	一、二级	1	750	250	—	—	—	—	—
乙	1、3、4项	一、二级	3	2 000	500	900	300	—	—	—
		三级	1	500	250					
	2、5、6项	一、二级	5	2 800	700	1 500	500	—	—	—
		三级	1	900	300					
丙	1项	一、二级	5	4 000	1 000	2 800	700	—	—	150
		三级	1	1 200	400					
	2项	一、二级	不限	6 000	1 500	4 800	1 200	4 000	1 000	300
		三级	3	2 100	700	1 200	400			
丁		一、二级	不限	不限	3 000	不限	1 500	4 800	1 200	500
		三级	不限	3 000	1 000	1 500	500			
		四级	1	2 100	700	—	—			
戊		一、二级	不限	不限	不限	不限	2 000	6 000	1 500	1 000
		三级	3	3 000	1 000	2 100	700			
		四级	1	2 100	700					

注：① 仓库内的防火分区之间必须采用防火墙分隔，甲、乙类仓库内防火分区之间的防火墙不应开设门、窗、洞口；地下或半地下仓库（包括地下或半地下室）的最大允许占地面积，不应大于相应类别地上仓库的最大允许占地面积。

② 石油库区内的桶装油品仓库应符合现行国家标准《石油库设计规范》（GB 50074）的规定。

③ 一、二级耐火等级的煤均化库，每个防火分区的最大允许建筑面积不应大于 12 000 m²。

④ 独立建造的硝酸铵仓库、电石仓库、聚乙烯等高分子制品仓库、尿素仓库、配煤仓库、造纸厂的独立成品仓库，当建筑的耐火等级不低于二级时，每座仓库的最大允许占地面积和每个防火分区的最大允许建筑面积可按本表的规定增加 1.0 倍。

⑤ 一、二级耐火等级粮食平房仓的最大允许占地面积不应大于 12 000 m²，每个防火分区的最大允许建筑面积不应大于 3 000 m²；三级耐火等级粮食平房仓的最大允许占地面积不应大于 3 000 m²，每个防火分区的最大允许建筑面积不应大于 1 000 m²。

⑥ 一、二级耐火等级且占地面积不大于 2 000 m² 的单层棉花库房，其防火分区的最大允许建筑面积不应大于 2 000 m²。

⑦ 一、二级耐火等级冷库的最大允许占地面积和防火分区的最大允许建筑面积，应符合现行国家标准《冷库设计规范》（GB 50072）的规定。

⑧ "—"表示不允许。

二、防烟分区

防烟分区是在建筑内部采用挡烟设施分隔而成，能在一定时间内防止火灾烟气向同一防火分区的其余部分蔓延的局部空间。

1. 划分防烟分区的目的

划分防烟分区，一是为了在火灾时将烟气控制在一定范围内，二是为了提高排烟口的排烟效果。

2. 防烟分区的设置要求

设置排烟系统的场所或部位应划分防烟分区。防烟分区不宜大于 2 000 m²，长边不应大于 60 m。当室内高度超过 6 m，且具有对流条件时，长边不应大于 75 m。设置防烟分区应满足以下几个要求：

（1）防烟分区应采用挡烟垂壁、隔墙、结构梁等划分。

（2）防烟分区不应跨越防火分区。

（3）每个防烟分区的建筑面积不宜超过规范要求。

（4）采用隔墙等形成封闭的分隔空间时，该空间宜作为一个防烟分区。

（5）储烟仓高度不应小于空间净高的10%，且不应小于 500 mm。同时应保证疏散所需的清晰高度，最小清晰高度应由计算确定。

（6）有特殊用途的场所应单独划分防烟分区。

3. 防烟分区分隔措施

划分防烟分区的构件主要有挡烟垂壁、隔墙、防火卷帘、建筑横梁等。

（1）挡烟垂壁。

挡烟垂壁是用不燃材料制成，垂直安装在建筑顶棚、横梁或吊顶下，能在火灾时形成一定的蓄烟空间的挡烟分隔设施。挡烟垂壁分固定式和活动式两种。固定式挡烟垂壁是指固定安装的、能满足设定挡烟高度的挡烟垂壁。活动式挡烟垂壁可从初始位置自动运行至挡烟工作位置，并满足设定挡烟高度的挡烟垂壁

（2）建筑横梁。

当建筑横梁的高度超过 500 mm 时，该横梁可作为挡烟设施使用。

三、防火墙

防火墙是指防止火灾蔓延至相邻建筑或相邻水平防火分区且耐火极限不低于 3.00 h 的不燃性墙体。

防火墙的设置应符合下列规定：

（1）防火墙应直接设置在建筑的基础或框架、梁等承重结构上，框架、梁等承重结构的耐火极限不应低于防火墙的耐火极限。

（2）防火墙应从楼地面基层隔断至梁、楼板或屋面板的底面基层。当高层厂房（仓库）屋顶承重结构和屋面板的耐火极限低于 1.00 h 其他建筑屋顶承重结构和屋面板的耐火极限低

于 0.50 h 时，防火墙应高出屋面 0.5 m 以上。

（3）防火墙横截面中心线水平距离天窗端面小于 4.0 m，且天窗端面为可燃性墙体时，应采取防止火势蔓延的措施。

（4）建筑外墙为难燃性或可燃性墙体时，防火墙应凸出墙的外表面 0.4 m 以上，且防火墙两侧的外墙均应为宽度均不小于 2.0 m 的不燃性墙体，其耐火极限不应低于外墙的耐火极限。

（5）建筑外墙为不燃性墙体时，防火墙可不凸出墙的外表面，紧靠防火墙两侧的门、窗、洞口之间最近边缘的水平距离不应小于 2.0 m；采取设置乙级防火窗等防止火灾水平蔓延的措施时，该距离不限。

（6）建筑内的防火墙不宜设置在转角处，确需设置时，内转角两侧墙上的门、窗、洞口之间最近边缘的水平距离不应小于 4.0 m；采取设置乙级防火窗等防止火灾水平蔓延的措施时，该距离不限。

（7）防火墙上不应开设门、窗、洞口，确需开设时，应设置不可开启或火灾时能自动关闭的甲级防火门、窗。可燃气体和甲、乙、丙类液体的管道严禁穿过防火墙。防火墙内不应设置排气道。确需穿过时，应采用防火封堵材料将墙与管道之间的空隙紧密填实，穿过防火墙处的管道保温材料，应采用不燃材料；当管道为难燃及可燃材料时，应在防火墙两侧的管道上采取防火措施。

（8）防火墙的构造应能在防火墙任意一侧的屋架、梁、楼板等受到火灾的影响而破坏时，不会导致防火墙倒塌。

四、防火卷帘

防火分隔部位设置防火卷帘时，应符合下列规定：

（1）除中庭外，当防火分隔部位的宽度不大于 30 m 时，防火卷帘的宽度不应大于 10 m；当防火分隔部位的宽度大于 30 m 时，防火卷帘的宽度不应大于该部位宽度的 1/3，且不应大于 20 m。

（2）不宜采用侧式防火卷帘。

（3）防火卷帘的耐火极限不应低于对所设置部位墙体的耐火极限要求。

（4）防火卷帘应具有防烟性能，与楼板、梁、墙、柱之间的空隙应采用防火封堵材料封堵。

（5）需在火灾时自动降落的防火卷帘，应具有信号反馈的功能。

（6）其他要求，应符合现行国家标准《防火卷帘》（GB 14102—2005）的规定。

五、防火门

防火门的设置应符合下列规定：

（1）设置在建筑内经常有人通行处的防火门宜采用常开防火门。常开防火门应能在火灾时自行关闭，并应具有信号反馈的功能。

（2）除允许设置常开防火门的位置外，其他位置的防火门均应采用常闭防火门。常闭防火门应在其明显位置设置"保持防火门关闭"等提示标识。

（3）除管井检修门和住宅的户门外，防火门应具有自行关闭功能。双扇防火门应具有按顺序自行关闭的功能。

（4）防火门应能在其内外两侧手动开启。

（5）设置在建筑变形缝附近时，防火门应设置在楼层较多的一侧，并应保证防火门开启时门扇不跨越变形缝。

（6）防火门关闭后应具有防烟性能。

（7）甲、乙、丙级防火门应符合现行国家标准《防火门》GB 12955 的规定。

【能力提升训练】

某框架结构仓库，地上 6 层，底下 1 层，层高 3.8 m，仓库一层储存桶装润滑油；二层储存水泥刨花板；三至六层储存皮毛制品；地下室储存玻璃制品，每件玻璃制品重 100 kg，其木质包装重 20 kg。

问：该仓库的建筑层数是否符合要求？

【归纳总结提高】

1. 什么是防火分区？

2. 建筑防火分区分为（　　　）防火分区和（　　　）防火分区。

3. 下列哪项不是固定防火分隔物（　　　）。

A. 防火墙　　　　　　B. 耐火楼板　　　　　C. 防火隔墙　　　　　D. 防火门

4. 划分防烟分区的构件主要有（　　　）、（　　　）、（　　　）、（　　　）等。

5. 防火墙是指防止火灾蔓延至相邻建筑或相邻水平防火分区且耐火极限不低于（　　　）的不燃性墙体。

A. 2.0 h　　　　　　B. 2.5 h　　　　　　C. 3.0 h　　　　　　D. 4.0 h

6. 简述防烟分区划分的目的。

项目六　安全疏散

【学习目标】

掌握安全疏散基本参数和疏散设施，了解不同疏散设施的设置要求。能够进行安全疏散设计、检验。

【知识储备】

一、基本参数

安全疏散基本参数是建筑安全疏散设计的重要依据，主要包括人员密度、疏散宽度指标、疏散距离指标等参数。

1. 人员密度

人员密度是指每平方米容纳的人数，单位为人/m²。有固定座位的场所，按照实际座位数的1.1倍计算。人员密度主要用于确定建筑物内容纳的人数，它等于该建筑或场所的建筑面积与人员密度的乘积。

2. 疏散宽度指标

我国现行规范根据允许疏散时间来确定疏散通道的百人宽度指标，从而计算出安全出口的总宽度，即实际需要设计的最小宽度。

（1）百人宽度指标是每百人在允许疏散时间内，以单股人流形式疏散所需的疏散宽度。

（2）最小净宽度是指设置的安全出口、疏散走道最低应达到的宽度指标。建筑物内疏散楼梯、走道和门的总的净宽度应根据其容纳的人数和百人疏散指标经计算确定，并采用最小净宽度校核。

3. 疏散距离指标

安全疏散距离是指由建筑物内到外部出口或楼梯的最大允许距离。厂房的安全疏散距离是指厂房内最远工作点到外部出口或楼梯间的最大距离。我国规范采用限制安全疏散距离的办法来保证疏散行动时间。

二、疏散设施

建筑的安全疏散设施主要有安全出口、疏散楼梯及楼梯间、疏散走道、应急照明和疏散指示标志、应急广播以及辅助救生设施。人员只有疏散到室外自然地坪才能视为到达安全地带。

1. 疏散出口和疏散走道

（1）疏散出口。

疏散出口包括安全出口和疏散门。疏散门是直接通向疏散走道的房间门、直接开向疏散楼梯间的门或室外的门，不包括套间内的隔间门或住宅套内的房间门。其设置应满足下列要求：

① 疏散门应向疏散方向开启，但人数不超过60人的房间且每扇门的平均疏散人数不超过30人时，其门的开启方向不限（除甲、乙类生产车间外）。

② 民用建筑及厂房的疏散门应采用平开门，不应采用推拉门、卷帘门、吊门、转门和折叠门；但丙、丁、戊类仓库首层靠墙的外侧可采用推拉门或卷帘门。

③ 当门开启时，门扇不应影响人员的紧急疏散。

④ 公共建筑内安全出口的门应设置在火灾时能从内部易于开启的装置；人员密集的公共场所、观众厅的入场门、疏散出口不应设置门槛，从门扇开启90°的门边处向外1.4 m范围内不应设置踏步，疏散门应为推闩式外开门。

⑤ 高层建筑直通室外的安全出口上方应设置挑出宽度不小于1.0 m的防护挑檐。

（2）安全出口。

安全出口是指供人员安全疏散用的楼梯间和室外楼梯的出入口或直通室外安全区域的出口。安全出口是疏散出口的一个特例。其设置基本要求是：每座建筑或每个防火分区的安全出口数目不应少于两个，每个防火分区相邻两个安全出口或每个房间疏散出口最近边缘之间的水平距离不应小于 5.0 m；安全出口应分散布置，确保建筑物内的任一楼层上或任一防火分区中发生火灾时，其中一个或几个安全出口被烟火阻挡仍要保证有其他出口可供安全疏散和救援使用，并应有明显标志；对于面积较小的防火分区，除直通室外的安全出口外，可将设置在相邻防火分区之间向疏散方向开启的甲级防火门作为安全出口。

（3）疏散走道。

疏散走道是指发生火灾时，建筑内人员从火灾现场逃往安全场所的通道。疏散走道的设置应保证逃离火场的人员进入走道后，能顺利地继续通行至楼梯间，到达安全地带。

疏散走道的布置应满足以下要求：

① 走道应简捷，并按规定设置疏散指示标志和诱导灯。

② 在 1.8 m 高度内不宜设置管道、门垛等突出物，走道中的门应向疏散方向开启。

③ 尽量避免设置袋形走道。

④ 疏散走道的宽度应符合现行国家消防技术标准的要求。

（4）避难层（间）。

避难层（间）是指建筑内用于人员暂时躲避火灾及其烟气危害的楼层（房间），一般用于超高层民用建筑。

（5）避难走道。

避难走道是指采取防烟措施且两侧设置耐火极限不低于 3.00 h 的防火隔墙，用于人员安全通行至室外的走道，一般用于地下人防工程。

2. 疏散楼梯和楼梯间

疏散楼梯和楼梯间是建筑中的主要垂直交通空间，是安全疏散的重要通道。根据防火要求，楼梯间分为敞开楼梯间、封闭楼梯间、防烟楼梯间和室外楼梯 4 种形式。防烟楼梯间的安全性能最高，敞开楼梯间的安全性能最低，室外楼梯可以作为辅助的防烟楼梯使用。

敞开楼梯间是低、多层建筑常用的基本形式，也称普通楼梯间。封闭楼梯间是指在楼梯间入口处设置门，以防止火灾的烟和热气进人的楼梯间。防烟楼梯间是指在楼梯间入口处设置防烟的前室、开敞式阳台或凹廊（统称前室）等设施，且通向前室和楼梯间的门均为防火门，以防止火灾的烟和热气进入的楼梯间。室外疏散楼梯是指在建筑的外墙上设置全部敞开的楼梯，不易受烟火的威胁，防烟效果和经济性都较好。

3. 应急照明及疏散指示标志

在发生火灾时，为了保证人员的安全疏散以及消防扑救人员的正常工作，必须保持一定的电光源，据此设置的照明称为火灾应急照明；为防止疏散通道在火灾下骤然变暗就要保证一定的亮度，抑制人们心理上的惊慌，确保疏散安全，以显眼的文字、鲜明的箭头标记指明疏散方向，引导疏散，这种用信号标记的照明，称为疏散指示标志。

（1）应急照明。

① 设置场所。除单、多层住宅外，民用建筑、厂房和丙类仓库的下列部位应设置疏散应急照明灯具：

a. 封闭楼梯间、防烟楼梯间及其前室、消防电梯间的前室或合用前室和避难层（间）。

b. 消防控制室、消防水泵房、自备发电机房、配电室、防烟与排烟机房以及发生火灾时仍需正常工作的其他房间。

c. 观众厅、展览厅、多功能厅和建筑面积超过 200 m² 的营业厅、餐厅、演播室。

d. 建筑面积超过 100 m² 的地下、半地下建筑或地下室、半地下室中的公共活动场。

e. 公共建筑中的疏散走道。

② 设置要求：消防应急照明灯具宜设置在墙面的上部、顶棚上或出口的顶部。建筑内消防应急照明灯具的照度应符合下列规定：

a. 疏散走道的地面最低水平照度不应低于 1.0 lx。

b. 人员密集场所、避难层（间）内的地面最低水平照度不应低于 3.0 lx；老年人照料设施、病房楼或手术部的避难间，不应低于 10.0 lx。

c. 楼梯间、前室或合用前室、避难走道的地面最低水平照度不应低于 5.0 lx；人员密集场所、老年人照料设施、病房楼或手术部内的楼梯间、前室或合用前室、避难走道，不应低于 10.0 lx。

消防控制室、消防水泵房、自备发电机房、配电室、防烟与排烟机房以及发生火灾时仍需正常工作的消防设备房应设置备用照明，其作业面的最低照度不应低于正常照明的照度。

（2）疏散指示标志。

① 设置场所：公共建筑及其他一类高层民用建筑，高层厂房（仓库）及甲、乙、丙类厂房应沿疏散走道和在安全出口、人员密集场所的疏散门的正上方设置灯光疏散指示标志。下列建筑或场所应在其内疏散走道和主要疏散路线的地面上增设能保持视觉连续的灯光疏散指示标志或蓄光疏散指示标志：

a. 总建筑面积超过 8 000 m² 的展览建筑。

b. 总建筑面积超过 5 000 m² 的地上商店。

c. 总建筑面积超过 500 m² 的地下、半地下商店。

d. 歌舞、娱乐、放映、游艺场所。

e. 座位数超过 1 500 个的电影院、剧院，座位数超过 3 000 个的体育馆、会堂或礼堂。

f. 车站、码头建筑和民用机场航站楼中建筑面积大于 3 000 m² 的候车、候船厅和航站楼的公共区。

② 设置要求：

a. 安全出口和疏散门的正上方应采用"安全出口"作为指示标志。

b. 沿疏散走道设置的灯光疏散指示标志，应设置在疏散走道及其转角处距地面高度 1.0 m 以下的墙面上，且灯光疏散指示标志间距不应大于 20.0 m；对于袋形走道，不应大于 10.0 m；在走道转角区，不应大于 1.0 m。

三、厂房的安全疏散

1. 安全出口

厂房的安全出口应分散布置，每个防火分区或一个防火分区的每个楼层，其相邻两个安全出口最近边缘之间的水平距离不应小于 5 m。厂房内每个防火分区或一个防火分区内的每个楼层，其安全出口的数量应经计算确定，且不应少于两个。当符合下列条件时，可设置一个安全出口：

（1）甲类厂房，每层建筑面积不大于 100 m²，且同一时间的作业人数不超过 5 人。

（2）乙类厂房，每层建筑面积不大于 150 m²，且同一时间的作业人数不超过 10 人。

（3）丙类厂房，每层建筑面积不大于 250 m²，且同一时间的作业人数不超过 20 人。

（4）丁、戊类厂房，每层建筑面积不大于 400 m²，且同一时间的作业人数不超过 30 人。

（5）地下或半地下厂房（包括地下或半地下室），每层建筑面积不大于 50 m²，且同一时间的作业人数不超过 15 人。

2. 地下或半地下厂房

地下或半地下厂房（包括地下或半地下室），当有多个防火分区相邻布置，并采用防火墙分隔时，每个防火分区可利用防火墙上通向相邻防火分区的甲级防火门作为第二安全出口，但每个防火分区必须至少有一个直通室外的独立安全出口。

3. 疏散距离

安全疏散距离包括两部分，一是房间内最远点到房门的疏散距离，二是从房门到疏散楼梯间或外部出口的距离。厂房的安全疏散距离，需要考虑楼层的实际情况（如单层、多层、高层）、生产的火灾危险性类别及建筑物的耐火等级等。厂房内任一点至最近安全出口的直线距离不应大于表 3-14 的规定。

表 3-14　厂房内任一点至最近安全出口的直线距离　　　　　　　　　　　　m

生产的火灾危险性类别	耐火等级	单层厂房	多层厂房	高层厂房	地下或半地下厂房（包括地下或半地下室）
甲	一、二级	30	25	—	—
乙	一、二级	75	50	30	—
丙	一、二级	80	60	40	30
丙	三级	60	40	—	—
丁	一、二级	不限	不限	50	45
丁	三级	60	50	—	—
丁	四级	50	—	—	—
戊	一、二级	不限	不限	75	60
戊	三级	100	75	—	—
戊	四级	60	—	—	—

从表中可以看出，火灾危险性越大，安全疏散距离要求越严，厂房的耐火等级越低，安全疏散距离要求越严。而对于丁、戊类生产，当采用一、二级耐火等级的厂房时，其疏散距

离可以不受限制。

4. 疏散宽度

厂房内疏散楼梯、走道、门的各自总净宽度，应根据疏散人数按每100人的最小疏散净宽度不小于表3-15的规定来计算确定。但疏散楼梯的最小净宽度不宜小于1.10 m，疏散走道的最小净宽度不宜小于1.40 m，门的最小净宽度不宜小于0.90 m 当每层疏散人数不相等时，疏散楼梯的总净宽度应分层计算，下层楼梯总净宽度应按该层及以上疏散人数最多一层的疏散人数计算。首层外门的总净宽度应按该层及以上疏散人数最多一层的疏散人数计算，且该门的最小净宽度不应小于1.20 m。

表3-15 厂房内疏散楼梯、走道和门的每100人最小疏散净宽度

厂房层数/层	1~2	3	≥4
最小疏散净宽度/（m/百人）	0.6	0.8	1.00

5. 疏散楼梯

高层厂房和甲、乙、丙类多层厂房的疏散楼梯应采用封闭楼梯间或室外楼梯。建筑高度大于32 m且任一层人数超过10人的厂房，应采用防烟楼梯间或室外楼梯。

四、仓库的安全疏散

1. 安全出口

仓库的安全出口应分散布置。每座仓库的安全出口不应少于两个，当一座仓库的占地面积不大于300 m²时，可设置一个安全出口。仓库内每个防火分区通向疏散走道、楼梯或室外的出口不宜少于两个；当防火分区的建筑面积不大于100 m²时，可设置一个出口。通向疏散走道或楼梯的门应为乙级防火门。

地下或半地下仓库（包括地下或半地下室）的安全出口不应少于两个；当建筑面积不大于100 m²时，可设置一个安全出口。

地下或半地下仓库（包括地下或半地下室），当有多个防火分区相邻布置并采用防火墙分割时，每个防火分区可利用防火墙上通向相邻防火分区的甲级防火门作为第二个安全出口，但每个防火分区必须至少有1个直通室外的安全出口。

2. 疏散楼梯

高层仓库应设置封闭楼梯间。仓库、筒仓的室外金属梯，当符合建筑设计防火规范的规定时可作为疏散楼梯，但筒仓室外楼梯平台的耐火极限不应低于0.25 h。

3. 其　他

除一、二级耐火等级的多层戊类仓库外，其他仓库中供垂直运输物品的提升设施宜设置在仓库外，当必须设置在仓库内时，应设置在井壁的耐火极限不低于2.00 h的井筒内。室内外提升设施通向仓库入口上的门应采用乙级防火门或防火卷帘。

【能力提升训练】

现学校的学生宿舍只有一个疏散门，请根据所学知识或查阅相关规范要求，判断这种现象是正确的吗？为什么，写出依据。

【归纳总结提高】

1. 安全疏散基本参数是建筑安全疏散设计的重要依据，主要包括（　　　）、（　　　）、（　　　）等参数。

2. 根据防火要求，楼梯间分为（　　　）、（　　　）、（　　　）和（　　　）4种形式。

3. 建筑的安全疏散设施主要有（　　）、（　　）、（　　）、（　　）、（　　）以及（　　）。

4. 每座建筑或每个防火分区的安全出口数目不应少于两个，每个防火分区相邻两个安全出口或每个房间疏散出口最近边缘之间的水平距离不应小于（　　　）。

5. 疏散门是（　　　）。

A. 直接开向室外的门

B. 直接开向疏散楼梯间的门或室外的门

C. 直接通向疏散走道的房间门、直接开向疏散楼梯间的门或室外的门，包括套间内的隔间门或住宅套内的房间门

D. 直接通向疏散走道的房间门、直接开向疏散楼梯间的门或室外的门，不包括套间内的隔间门或住宅套内的房间门

6. 下列关于疏散楼梯间的描述，正确的是（　　　）。

A. 防烟楼梯间的安全性能最高，敞开楼梯间的安全性能最低，室外楼梯可以作为辅助的防烟楼梯使用

B. 室外楼梯的安全性能最高，敞开楼梯间的安全性能最低

C. 敞开楼梯间的安全性能最低，室外楼梯可以作为辅助的防烟楼梯使用

D. 封闭楼梯间的安全性能最高，敞开楼梯间的安全性能最低，室外楼梯可以作为辅助的防烟楼梯使用

项目七　防火安全装置

【学习目标】

熟悉根据探测火灾的原理对火灾探测器的分类，掌握不同防火安全装置的工作原理。

【知识储备】

防火安全装置是指生产系统中为预防事故而设置的各种检测、控制、联动、保护、报警等仪器、仪表的总称。它们广泛应用于厂区、厂房、车间及生产设备中，是保证生产安全稳定运行必不可少的技术措施。

一、火灾自动报警装置

火灾自动报警装置是为了尽早地检测到火灾并发出警报，以便及早采取疏散人员、启动灭火系统、控制防火门等相应防范、抢救措施，而设置在建筑物或其他场所中的防火安全设施。这类装置可以对火灾初始阶段所产生的烟、热、光等做出有效响应，将其转化成电信号并处理、放大，以特定的声和光发出警报信号，引起人们的警觉，从而有效地防止火灾的发生和发展。

1. 火灾探测器

火灾探测器，是指能对发生火灾后的某种火灾现象（热、烟或光等）进行响应，并自动产生火灾报警信号的监测器件。它是组成各种火灾自动报警系统的重要组件，其作用是监视被保护区域有无火灾发生。

火灾探测器种类很多，分类方法也很多。按其结构可分为点型和线型两大类；按其使用环境条件分为陆用型、船用型、耐寒型、耐酸型、耐碱型、防爆型等。一般情况下，根据火灾探测器探测火灾的原理，可将其分为感烟式火灾探测器、感温式火灾探测器、感光式火灾探测器、可燃气体探测器和气体火灾探测器、复合式火灾探测器等几种类型。

2. 火灾报警控制器

火灾报警控制器是能为火灾探测器供电，接收、显示和传递火灾报警信号，并能对自动消防设备发出控制信号的一种装置。它是火灾自动报警系统的重要组成部分，与自动灭火系统联动，便可组成火灾自动报警灭火系统。

火灾报警控制器按用途不同可分为区域火灾报警控制器、集中火灾报警控制器和通用火灾报警控制器3种基本类型。区域火灾报警控制器是组成区域报警系统的主要设备之一，主要特点是控制器直接连接火灾探测器，处理各种报警信息；集中火灾报警控制器是组成集中报警系统的主要设备之一，适用于较大范围内多个区域的保护，一般不是与火灾探测器相连，而是与区域火灾报警控制器相连，处理区域级火灾报警控制器送来的信号，常使用在较大型系统中；通用火灾报警控制器兼有区域、集中两级火灾报警控制器的双重特点，通过设置或修改某些参数，既可作为区域级使用，又可作为集中级使用。

二、防火控制与隔绝装置

在生产工艺过程中设置防火控制与隔绝装置，能够阻止火焰或爆炸冲击波沿着工艺管道或设备向下传递，阻止火势蔓延扩大，大大降低事故所造成的损失，主要的防火控制和隔绝装置有安全液封、水封井、阻火器、单向阀、阻火闸门和火星熄灭器等。

1. 安全液封

安全液封是一种湿式阻火装置，通常安装在压力低于 0.02 MPa 的可燃气体管道和生产设备之间，以及绝对禁止倒流的气体管路中。安全液封有开敞式和封闭式两种（见图 3-1 和图 3-2），液封的介质按实际需要有所不同。

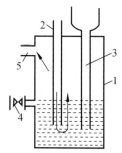

图 3-1　开敞式安全液封

1—外壳；2—进气管；3—安全管；4—验水栓；5—气体出口

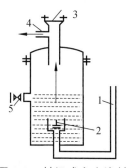

图 3-2　封闭式安全液封

1—进气管；2—单向阀；3—爆破片；4—气体出口；5—验水栓

安全液封的基本阻火原理是：由于液体封在进、出气管之间，在液封两侧的任一侧着火，火焰将在液封处熄灭，从而阻止了火势蔓延。液封内的液位应根据生产设备内的压力保持一定的高度，以保证其可靠性。因此，运行要经常查液位高度，在寒冷地区，应通入水蒸气或注入防冻液，以防止液封冻结。

2. 水封井

水封井通常设在有可燃气体、易燃液体蒸气或油污的污水管网上，用以防止燃烧或爆炸沿污水管网蔓延扩散。水封井的阻火原理与安全液封相同，是安全液封的一种，其结构如图 3-3 所示。水封井的水位高度不宜小于 250 mm。

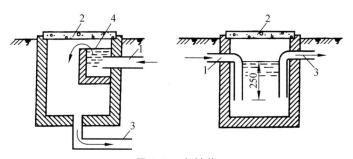

图 3-3　水封井

1—污水进口；2—井盖；3—污水出口；4—溢水槽

3. 阻火器

阻火器是利用管子直径或流通孔隙减小到某一程度，火焰就不能蔓延的原理制成的，其阻火层由能通过气体或蒸气的许多细小孔道的固体材料所构成，火焰气流入阻火层时被分隔成许多细小的火焰流，由于散热作用和器壁效应而被熄灭。

阻火器常用在容易引起火灾爆炸的高热设备和输送可燃液体、易燃液体蒸气的管线之中以及可燃气体、易燃液体的容器及管道、设备的放空末端。

阻火器有金属网阻火器、波纹金属片阻火器、砾石阻火器等多种形式。金属网阻火器的构造见图 3-4。它是用单层或多层具有一定孔径的金属网把空间分隔许多小孔隙，由铜丝或钢丝制成。波纹金属片阻火器是由交叠放置的波纹金属片组成的有正三角形孔隙的方形阻火器，或将一条波纹带与一条扁平带绕在一个芯子上，组成圆形阻火器，如图 3-5 所示。砾石阻火器是用砂粒、卵石、玻璃球或铁屑等作为充填料的，其阻火效果比金属网阻火器更好。如金属网阻火器阻止二硫化碳火焰比较困难，而采用直径为 3~4 mm 砾石，在直径为 150 mm 的管内，砾石层厚度为 200 mm 可阻止二硫化碳的火焰。其结构如图 3-6 所示。

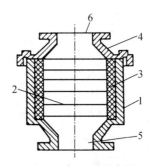

图 3-4　金属网阻火器

1—壳体；2—金属网；3—垫圈；4—上盖；5—进口；6—出口

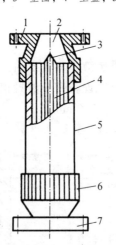

图 3-5　波纹金属片阻火器

1—上盖；2—出口；3—轴芯；4—波纹金属片；5—外壳；6—下盖；7—进口

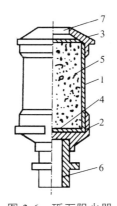

图 3-6 砾石阻火器

1—壳体；2—下盖；3—上盖；4—网格；5—砂粒；6—进口；7—出口

影响阻火器效能的主要因素是阻火器的厚度及其孔隙或通道的大小。各式阻火器的内径大小及外壳高度是由连接阻火器的管道直径来决定的，阻火的内径通常取连接阻火器管道直径的四倍。不同类型的阻火器，其性能和适用范围各不相同，如表 3-16 所示。

表 3-16　不同类型阻火器性能的比较

类型	性能	适用范围
金属阻火器	结构简单，容易制造，造价低廉；阻爆范围小，易损坏，不耐烧	石油储罐、输气管道、油轮
波纹金属片阻火器	使用范围大，流体阻力小，能阻止爆燃火焰，易于置换和清洗；但结构复杂，造价高	石油储罐、气体管道、油气回收系统
砾石阻火器	孔隙小，结构简单，易于制造；但阻力大，易于阻塞，重量大	化工厂反应器、氢气管、乙炔管道

4. 阻火闸门

阻火闸门是为防止火焰沿通风管道或生产管道蔓延而设置的阻火装置。正常条件下，阻火闸门处于开启状态，一旦温度升高使闸门上的易熔金属元件熔化时，闸门便自动关闭，低熔点合金一般采用铅、锡、镉、汞等金属制成，也可用赛璐珞、尼龙等塑料材料制成，以其受热后失去强度的温度作为阻火闸门的控制温度。跌落式自动阻火闸门则是在易熔元件熔断后，闸板在自身重力作用下自动跌落而将管道封闭，其结构如图 3-7 所示。手控阻火闸门多安装在操作岗位附近，以便于控制。

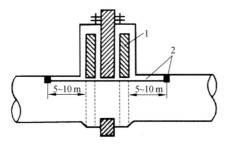

图 3-7　阻火闸门示意

1—闸板；2—易熔元件

5. 火星熄灭器

火星熄灭器又称防火帽，通常安装在能产生火星的设备的排空系统，以防止飞出的火星引燃周围的易燃易爆介质。火星熄灭器可分为涡流式火熄灭器、带有防火阀的火星熄灭器和烟囱用火星熄灭器等类型，其阻火原理及火星熄灭器的方式如下。

① 将带有火星的烟气从小容积引入大容积，使其流速减慢，火星颗粒沉降下来而不从排道飞出。

② 设置障碍，改变烟气流动方向，增加火星的流程，使其沉降或熄灭。

③ 设置格网或叶轮，将较大的火星挡住或分散，以加速火星的熄灭。

④ 在烟道内喷水或水蒸气，使火星熄灭。

6. 单向阀

单向阀又称止逆阀或止回阀。它的作用是仅允许流体（气体或液体）向一个方向流动，遇到倒流时即自行关闭，从而避免在燃气或燃油系统中发生液体倒流，或高压窜入低压造成容器管道的爆裂，或发生回火时火焰倒吸和蔓延等事故在工业生产上，通常在系统中流体的进口和出口之间、与燃气或燃油管道及设备相连接的辅助管线上、高压与低压系统之间的低压系统上或压缩机与油泵的出口管线上安置单向阀。生产用的单向阀有升降式、摇板式、球式等几种。

【能力提升训练】

结合所学知识，通过查阅文献、上网等方式，分析感温火灾探测器和感烟火灾探测器分别适用于哪些场所？

【归纳总结提高】

1. 根据火灾探测器探测火灾的原理，可将其分为（　　）、（　　）、（　　）、（　　）和（　　）等几种类型。

2. 常见的防火控制和隔绝装置有（　　）、（　　）、（　　）、（　　）、（　　）和（　　）几种。

3. 火灾报警控制器按用途不同可分为（　　）、（　　）和（　　）3种基本类型。

4. 简述安全液封的基本阻火原理。

5. 简述阻火器的工作原理。

6. 影响阻火器效能的主要因素是（　　）。

A. 阻火器的厚度

B. 阻火器的厚度及其孔隙或通道的大小

C. 阻火器的孔隙或通道的大小

D. 阻火器的长度

7. 阻火器有（　　）、（　　）、（　　）等多种形式。

8. 阻火闸门是为防止火焰沿（　　）蔓延而设置的阻火装置。

A. 窗户   B. 走廊   C. 房间   D. 通风管道或生产管道

9. 简述火星熄灭器的阻火原理。

项目八　灭火器

【学习目标】

掌握灭火器的灭火机理及适用范围，能够进行建筑的灭火器配置计算。

【知识储备】

一、常用类型

灭火器是由筒体、器头、喷嘴等部件组成，借助驱动压力将所充装的灭火剂喷出达到灭火目的的器材。灭火器是扑救初起火灾的重要消防器材。灭火器按所充装的灭火剂，可分为泡沫、干粉、卤代烷、二氧化碳、清水等几类；按其移动方式，可分为手提式和推车式；按驱动灭火剂的动力来源，可分为储气瓶式、储压式、化学反应式。

二、适用范围

1. 清水灭火器

清水灭火器适用于扑救固体火灾即 A 类火灾，如木材、纸张、棉麻、织物等的初期火灾。

2. 泡沫灭火器

泡沫灭火器适用于扑救一般 B 类火灾，如油制品、油脂等火灾，也可适用于 A 类火灾。但不能扑救 B 类火灾中的水溶性可燃、易燃液体的火灾，如醇、酯、醚、酮等物质火灾；也不能扑救带电设备及 C 类和 D 类火灾。

3. 二氧化碳灭火器

二氧化碳灭火器适用于扑救 600 V 以下带电电器、贵重设备、精密仪器仪表、图书档案的初起火灾和一般可燃液体（B 类）、气体（C 类）火灾。

4. 干粉灭火器

碳酸氢钠干粉灭火器（BC）适用于易燃、可燃液体、气体及带电设备的初期火灾；磷酸铵盐（ABC）干粉灭火器除可用于上述几类火灾外，还可扑救固体类物质的初期火灾。但都不能扑救金属燃烧火灾。

三、设置要求

（1）灭火器应设置在位置明显和便于取用的地点，且不得影响安全疏散。

（2）对有视线障碍的灭火器设置点，应设置指示其位置的发光标志。

（3）灭火器的摆放应稳固，其铭牌应朝外。手提式灭火器宜设置在灭火器箱内或挂钩、托架上，其顶部离地面高度不应大于 1.5 m，底部离地面高度不宜小于 0.08 m 灭火器箱不得上锁。

（4）灭火器不宜设置在潮湿或强腐蚀性的地点，当必须设置时，应有相应的保护措施。

（5）灭火器不得设置在超出其使用温度范围的地点。

四、维护管理

（1）灭火器的维修、再充装应由已取得维修许可证的专业单位承担。维修后的灭火器的筒体应贴有永久性的维修和合格标识，维修标识上的维修单位的名称、筒体的试验压力值、维修日期等内容应清晰，每次的维修铭牌不得相互覆盖。

（2）灭火器一经开启，必须重新充装。

（3）灭火器不论已经使用过还是未经使用，距出厂的年月已达到规定期限时，必须送维修单位进行水压试验检查。

（4）手提式六氟丙烷灭火器、手提式和推车式干粉灭火器以及手提式和推车式二氧化碳灭火器期满五年，以后每隔两年，必须进行水压试验等检查。

（5）灭火器应每年至少检查一次，外观不得有严重损伤、变形、锈蚀、老化等缺陷，保险销和铅封应完好，压力表的指针应在绿区，超过规定泄漏量或压力表指针到红区的应检修更换。

（6）灭火器达到报废年限，应强制报废处理。其中，水基型灭火器报废年限为 6 年，洁净气体灭火器为 10 年，干粉灭火器为 10 年，二氧化碳灭火器为 12 年。无法清楚识别生产厂名称和出厂日期（包括贴花脱落，或虽有贴花但已看不清）的灭火器必须报废。筒体严重变形、锈蚀（漆皮大面积脱落，锈蚀面积大于、等于筒体总面积的三分之一者）或连接部位、筒底严重锈蚀的灭火器必须报废。

五、配置计算

1. 灭火器配置场所的危险等级

（1）工业建筑。工业建筑灭火器配置场所的危险等级，应根据其生产、使用、储存物品的火灾危险性、可燃物数量、火灾蔓延速度、扑救难易程度等因素，划分为严重危险级、中危险级和轻危险级，可简要地概括为表 3-17。

表 3-17　灭火器配置场所与危险等级对应关系

危险等级配置场所	严重危险级	中危险级	轻危险级
厂房	甲、乙类物品生产场所	丙类物品生产场所	丁、戊类物品生产场所
库房	甲、乙类物品储存场所	丙类物品储存场所	丁、戊类物品储存场所

（2）民用建筑。民用建筑灭火器配置场所的危险等级，应根据其使用性质、人员密集程

度、用电用火情况、可燃物数量、火灾蔓延速度、扑救难易程度等因素，划分为严重危险级、中危险级和轻危险级。

2. 灭火器配置场所的配置设计计算

（1）计算步骤。

① 确定各灭火器配置场所的火灾种类和危险等级

② 划分计算单元，计算各单元的保护面积。

③ 计算各单元的最小需配灭火级别。

④ 确定各单元内的灭火器设置点的位置和数量。

⑤ 计算每个灭火器设置点的最小需配灭火级别。

⑥ 确定各单元和每个设置点的灭火器的类型、规格与数量。

⑦ 确定每个灭火器的设置方式和要求。

⑧ 一个计算单元内的灭火器数量不应少于2个，每个设置点的灭火器数量不宜多于5个。

⑨ 在工程设计图上用灭火器图例和文字标明灭火器的类型、规格、数量与设置位置。

（2）灭火器配置场所计算单元的划分。

① 计算单元的划分。灭火器配置场所系指生产、使用、储存可燃物并要求配置灭火器的房间或部位。如油漆间、配电间、仪表控制室、办公室、实验室、库房、舞台堆垛等。而计算单元则是指在进行灭火器配置设计过程中，考虑了火灾种类、危险等级和是否相邻等因素后，为便于设计而进行的区域划分。一个计算单元可以是只含有一个灭火器配置场所，也可以是含有若干个灭火器配置场所，但此时应将该若干个灭火器配置场所视为一个整体来考虑保护面积、保护距离和灭火器配置数量等。

显然，对于不相邻的灭火器配置场所，应分别作为一个计算单元进行灭火器的配置设计计算。但对于危险等级和火灾种类都相同的相邻配置场所，或危险等级和火灾种类有一个不相同的相邻配置场所，应按以下规定划分：灭火器配置场所的危险等级和火灾种类均相同的相邻场所，可将一个楼层或一个防火分区作为一个计算单元；灭火器配置场所的危险等级或火灾种类不相同的场所，应分别作为一个计算单元；同计算单元不得跨越防火分区和楼层。

② 计算单元保护面积（S）的计算。在划分灭火器配置场所后，还需对保护面积进行计算。对灭火器配置场所（单元）灭火器保护面积计算，规定如下：建筑物应按其建筑面积进行计算；可燃物露天堆场，甲、乙、丙类液体储罐区，可燃气体储罐区按堆垛、储罐的占地面积进行计算。

（3）计算单元的最小需配灭火级别的计算在确定了计算单元的保护面积后，应根据下式计算该单元应配置的灭火器的最小灭火级别：

$$Q = K \cdot S/U \qquad\qquad (3\text{-}1)$$

式中　Q——计算单元的最小需配灭火级别（A 或 B）；

　　　S——计算单元的保护面积（m^2）；

　　　U——A 类或 B 类火灾场所单位灭火级别最大保护面积（m^2/A 或 m^2/B）；

　　　K——修正系数，修正系数值按表 3-18 的规定选取。

表 3-18 修正系数

计算单元	K
未设室内消火栓系统和灭火系统	1.0
设有室内消火栓系统	0.9
设有灭火系统	0.7
设有室内消火栓系统和灭火系统	0.5
可燃物露天堆场，甲、乙、丙类液体储罐区和可燃气体储罐区	0.3

火灾场所单位灭火级别的最大保护面积依据火灾危险等级、火灾种类从表 3-19 或表 3-20 中选取。

表 3-19 A 类火灾场所灭火器的最低配置基准

危险等级	严重危险级	中危险级	轻危险级
单位灭火器最小配置灭火级别	3 A	2 A	1 A
单位灭火级别最大保护面积/（m²/A）	50	75	100

表 3-20 B、C 类火灾场所灭火器的最低配置基准

危险等级	严重危险级	中危险级	轻危险级
单位灭火器最小配置灭火级别	89B	55B	21B
单位灭火级别最大保护面积/（m²/B）	0.5	1.0	1.5

注：歌舞、娱乐、放映、游艺场所，网吧，商场，寺庙以及地下场所等的计算单元的最小需配灭火级别应在
式（3-1）计算结果的基础上增加30%。

（4）计算单元中每个灭火器设置点的最小需配灭火级别计算。

计算单元中每个灭火器设置点的最小需配灭火级别按下式进行计算：

$$Q_e = Q/N \tag{3-2}$$

式中 Q_e——计算单元中每个灭火器设置点的最小需配灭火级别，A 或 B；

N——计算单元中的灭火器设置点数，个。

（5）灭火器设置点的确定。

每个灭火器设置点实配灭火器的灭火级别和数量不得小于最小需配灭火级别和数量的计算值。计算单元中的灭火器设置点数依据火灾的危险等级、灭火器型式（手提式或推车式）按不大于表 3-21 或表 3-22 规定的最大保护距离合理设置，并应保证最不利点至少在一个灭火器的保护范围内。

表 3-21　A 类火灾场所的灭火器最大保护距离　　　　　　　　　　　　　m

灭火器型式		手提式灭火器	推车式灭火器
危险等级	严重危险级	15	30
	中危险级	20	40
	轻危险级	25	50

表 3-22　B、C 类火灾场所的灭火器最大保护距离　　　　　　　　　　　m

灭火器型式		手提式灭火器	推车式灭火器
危险等级	严重危险级	9	18
	中危险级	12	24
	轻危险级	15	30

注：D 类火灾场所的灭火器，其最大保护距离应根据具体情况研究确定。E 类火灾场所的灭火器，其最大保护距离不应低于该场所内 A 类或 B 类火灾的规定。

如果计算单元中配置有室内消火栓系统，由于消火栓的设置距离与灭火器设置点的距离要求基本相近，在不影响灭火器保护效果的前提下，将灭火器设置点与室内消火栓设置合二为一是一个很好的选择。

【能力提升训练】

某学生宿舍楼共 5 层，长为 120 m，宽为 30 m，每层都只设有室内消防栓系统，试进行该宿舍楼的灭火器配置计算。

【归纳总结提高】

1. 根据充装的灭火剂不同，灭火器分为（　　　）、（　　　）、（　　　）和（　　　）四种类型。
2. 清水灭火器适用于扑救（　　　）。
A. 固体火灾　　　　　　　　　B. 液体火灾
C. 固体和液体火灾　　　　　　D. 固体、液体和金属火灾
3. 泡沫灭火器的灭火机理主要是（　　　）。
A. 冷却法和抑制法　　　　　　B. 抑制法和隔离法
C. 隔离法和窒息法　　　　　　D. 隔离法和冷却法
4. （　　　）可以用于扑救金属火灾。
A. 清水灭火器　　　　　　　　B. 二氧化碳灭火器
C. 泡沫灭火器　　　　　　　　D. 上述三种均不
5. 水基型灭火器报废年限为（　　　）年，洁净气体灭火器为（　　　）年，干粉灭火器为（　　　）年，二氧化碳灭火器为（　　　）年。

项目九　消火栓系统

【学习目标】

掌握室内外消火栓工作原理及设置要求。

【知识储备】

建筑消火栓给水系统是指为建筑消防服务的以消火栓为给水点、以水为主要灭火剂的消防给水系统。它由消火栓、给水管道、供水设施等组成。按设置区域分，消火栓系统分为城市消火栓给水系统和建筑物消火栓给水系统；按设置位置分，消火栓系统分为室外消火栓给水系统和室内消火栓给水系统。

一、室内消火栓系统

室内消火栓实际上是室内消防给水管网向火场供水的带有专用接口的阀门，其进水端与消防管道相连，出水端与水带、水枪相连。

1. 系统工作原理

室内消火栓给水系统的工作原理与系统的给水方式有关，通常是针对建筑消防给水系统采用的临时高压消防给水系统。在临时高压消防给水系统中，系统设有消防泵和高位消防水箱。当火灾发生后，现场人员可打开消火栓箱，将水带与消火栓栓口连接，打开消火栓的阀门，按下消火栓箱内的启动按钮，从而消火栓可投入使用。消火栓箱内的按钮直接启动消火栓泵，并向消防控制中心报警。在供水的初期，由于消火栓泵的启动有一定的时间，其初期供水由高位消防水箱来供水（储存 10 min 的消防水量）。对于消火栓泵的启动，还可由消防泵现场、消防控制中心启动，消火栓泵一旦启动后不得自动停泵，停泵只能由现场手动控制。

2. 系统设置场所

下列建筑应设置室内消火栓系统：

（1）建筑占地面积大于 300 m^2 的厂房和仓库。

（2）高层公共建筑和建筑高度大于 21 m 的住宅建筑。（建筑高度不大于 27 m 的住宅建筑，设置室内消火栓系统确有困难时，可只设置干式消防竖管和不带消火栓箱的 DN65 的室内消火栓。）

（3）体积大于 5 000 m^3 的车站、码头、机场的候车（船、机）建筑、展览建筑、商店建筑、旅馆建筑、医疗建筑、老年人照料设施和图书馆建筑等单、多层建筑。

（4）特等、甲等剧场，超过 800 个座位的其他等级的剧场和电影院等，以及超过 1 200 个座位的礼堂、体育馆等单、多层建筑。

（5）建筑高度大于 15 m 或体积大于 10 000 m^3 的办公建筑、教学建筑和其他单、多层民用建筑。

3. 室内消火栓的设置要求

（1）设有消防给水的建筑物，其各层（无可燃物的设备层除外）均应设置消火栓。

（2）室内消火栓的布置应满足同一平面有 2 支消防水枪的 2 股充实水柱同时到达何部位的要求，但对建筑高度小于或等于 24 m 且体积小于或等于 5 000 m³ 的多层仓库、建筑高度小于或等于 54 m 且每单元设置一部疏散楼梯的住宅，以及《消防给水及消火栓系统技术规范》（GB 50974—2014）表 3.5.2 中规定可来用 1 支消防水枪的场所，可采用 1 支消防水枪的 1 股充实水柱到达室内任何部位。

（3）室内消火栓应设置在明显易于取用的地点。栓口离地面的高度为 1.1 m，其出水方向宜向下或与设置消火栓的墙面成 90° 角。

（4）冷库的室内消火栓应设置在常温穿堂或楼梯间内。

（5）设有室内消火栓的建筑，如为平屋顶时，宜在平屋面顶上设置试验和检查用的消火栓。

（6）消防电梯前室应设室内消火栓。

（7）室内消火栓的间距应由计算确定

（8）单层和多层建筑室内消火栓的间距不应超过 50 m，高层厂房（仓库）、高架仓库和甲、乙类厂房中室内消火栓的间距不应大于 30 m。同一建筑物内应采用统一规格的消火栓、水枪和水带。每根水带的长度不应超过 25 m。

（9）对于高位消防水箱不能满足最不利点消火栓水压要求的建筑，应在每个室内消火栓处设置直接启动消防水泵的按钮，并应有保护设施。

（10）消火栓应采用同一型号规格。消火栓的栓口直径应为 65 mm，水带长度不应超过 25 m，水枪喷嘴口径不应小于 19 mm。

（11）高层建筑的屋顶应设有一个装有压力显示装置的检查用的消火栓，采暖地区可设在顶层出口处或水箱间内。

（12）屋顶直升机停机坪和超高层建筑避难层、避难区应设置室内消火栓。

4. 消防用水量、消防水源

（1）消防用水量。

① 工厂、仓库、堆场、储罐区或民用建筑的室外消防给水用水量，应按同一时间内的火灾起数和一起火灾灭火室外消防给水用水量确定。同一时间内的火灾起数应符合下列规定：

a. 工厂、堆场和储罐区等，当占地面积小于等于 100 hm²，且附有居住区人数小于等于 1.5 万人时，同一时间内的火灾起数应按 1 起确定；当占地面积小于等 100 hm²，且附有居住区人数大于 1.5 万人时，同一时间内的火灾起数应按 2 起确定，居住区应计 1 起，工厂、堆场或储罐区应计 1 起。

b. 工厂、堆场和储罐区等，当占地面积大于 100 hm²，同一时间内的火灾起数应按 2 起确定，工厂、堆场或储罐区应计 1 起，工厂、堆场或储罐区的附属建（构）筑物应计 1 起。

c. 仓库和民用等建筑，当总建筑面积小于等于 500 000 m² 时，同一时间内的火灾起数应按 1 起确定；当总建筑面积大于 500 000 m² 时，同一时间内的火灾起数应按 2 起确定，当为多栋建筑时应按需水量大的两座各计 1 起，当为单栋建筑时应按一半建筑体量计 2 起。

② 一起火灾灭火设计流量应由建筑的室外消火栓系统、室内消火栓系统、自动喷水灭火系统、泡沫灭火系统、水喷雾灭火系统、固定消防炮灭火系统、固定冷却水系统等需要同时

作用的各种水灭火系统的设计流量组成，并应符合下列规定：

a. 应按需要同时作用的水灭火系统设计流量之和确定。

b. 两栋或两座及以上建筑合用时，应按其中一栋或一座设计流量大者确定。

c. 当消防给水与生活、生产给水合用时，合用给水的设计流量应为消防给水设计流量与生活、生产大时流量之和。其中生活大时流量计算时，淋浴用水量按 15%计，浇洒及洗刷等火灾时能停用的用水量可不计。

（2）消防水源。

市政给水、消防水池、天然水源等可作为消防水源，雨水清水池、中水清水池水景和游泳池可作为备用消防水源。

① 市政给水。当市政给水管网能满足两路消防供水连续供水时，消防给水系统可采用市政给水管网直接供水。

② 消防水池。下列情况，应设消防水池：当生产、生活用水量达到最大，市政给水管网或引入管不能满足室内外消防用水量时；当采用一路消防供水或只有一条引入管，且室外消火栓设计流量大于 20 L/s 或建筑高度大于 50 m 时；或市政消防给水设计流量小于建筑的消防给水设计流量时。不同建（构）筑物设置的消防水池，其有效容量应根据国家相关消防技术标准经计算确定。其设置要求如下：

a. 当室外给水管网能保证室外消防用水量时，消防水池的有效容量应满足在火灾延续时间内建（构）筑物室内消防用水量要求。

b. 当室外给水管网不能保证室外消防用水量时，消防水池的有效容量应满足在火灾延续时间内建（构）筑物室内消防用水量和室外消防用水不足部分之和的要求。

c. 在火灾情况下能保证连续补水时，消防水池的容量可以减去火灾延续时间内补充的水量，消防水池的补水时间不宜超过 48 h。消防水池总容积超过 500 m³ 时，应分成两个能独立使用的消防水池。

d. 对于消防水池，当消防用水与其他用水合用时，应有保证消防用水不被他用的技术措施。

③ 消防水箱。临时高压消防给水系统的高位消防水箱的有效容积应满足初期火灾消防用水量的要求，并应符合下列规定：

a. 一类高层公共建筑，不应小于 36 m³。但当建筑高度大于 100 m 时，不应小于 50 m³；当建筑高度大于 150 m 时，不应小于 100 m³。

b. 多层公共建筑、二类高层公共建筑和一类高层住宅，不应小于 18 m³。当一类高层住宅建筑高度超过 100 m 时，不应小于 36 m³。

c. 二类高层住宅，不应小于 12 m³。

d. 建筑高度大于 21 m 的多层住宅，不应小于 6 m³。

e. 工业建筑室内消防给水设计流量当小于或等于 25 L/s 时，不应小于 12 m³；大于 25 L/s 时，不应小于 18 m³。

f. 总建筑面积大于 10 000 m² 且小于 30 000 m² 的商业建筑，不应小于 36 m³；总建筑面积大于 30 000 m² 的商店，不应小于 50 m³；当与第一款规定不一致时应取较大值。

二、室外消火栓系统

室外消火栓系统的任务就是通过室外消火栓为消防车等消防设备提供消防用水，或通过进户管为室内消防给水设备提供消防用水。室外消防给水系统应满足火灾扑救时各种消防用水设备对水量、水压、水质的基本要求。室外消火栓给水系统由消防水源、消防供水设备、室外消防给水管网和室外消火栓灭火设施组成。室外消防给水管网包括进水管、干管和相应的配件、附件。室外消火栓灭火设施包括室外消火栓、水带、水枪等。

1. 系统工作原理

（1）常高压消防给水系统。常高压消防给水系统管网内经常保持足够的压力和消防用水量。当火灾发生后，现场人员可直接连接水带、水枪，打开消火栓的阀门即可直接出水灭火。

（2）临时高压消防给水系统。在临时高压消防给水系统中，系统设有消防泵，平时管网内压力较低。当火灾发生后，现场人员连接水带、水枪后，打开消火栓的阀门，通知水泵房启动消防泵，使管网内的压力达到高压给水系统的水压要求。

（3）低压消防给水系统。低压消防给水系统管网内的压力较低，当火灾发生后，消防队员打开最近的室外消火栓，将消防车与室外消火栓连接，从室外管网内吸水加入消防车内，然后再利用消防车直接加压灭火，或者消防车通过水泵接合器向室内管网内加压供水。

2. 系统设置要求

（1）设置范围。

① 在城市、居住区、工厂、仓库等的规划和建筑设计时，必须同时设计消防给水系统。城市、居住区应设置市政消火栓。

② 民用建筑、厂房（仓库）、储罐（区）、堆场应设置室外消火栓。

③ 耐火等级不低于二级，且建筑物体积小于等于 3 000 m^3 的戊类厂房或居住区人数不超过 500 人且建筑物层数不超过两层的居住区，可不设置室外消防给水。

（2）设置要求。

① 室外消火栓应沿道路设置，当道路宽度大于 60 m 时，宜在道路两边设置消火栓，并宜靠近十字路口。

② 甲、乙、丙类液体储罐区和液化石油气储罐区的消火栓应设置在防火堤或防护墙外。距罐壁 15 m 范围内的消火栓，不应计算在该罐可使用的数量内。

③ 室外消火栓的间距不应大于 120 m。

④ 室外消火栓的保护半径不应大于 150 m，在市政消火栓保护半径 150 m 以内，当室外消防用水量小于等于 15 L/s 时，可不设置室外消火栓。

⑤ 室外消火栓的数量应按其保护半径和室外消防用水量等综合计算确定，每个室外消火栓的用水量应按 10～15 L/s 计算。与保护对象的距离在 5～40 m 范围内的市政消火栓，可计入室外消火栓的数量内。

⑥ 室外消火栓宜采用地上式消火栓。地上式消火栓应有一个 DN150 或 DN100 和两个 DN65 的栓口。采用室外地下式消火栓时，应有 DN100 和 DN65 的栓口各一个寒冷地区设置的室外消火栓应有防冻措施。

⑦ 消火栓距路边不应大于 2 m，距房屋外墙不宜小于 5 m。

⑧ 工艺装置区内的消火栓应设置在工艺装置的周围，其间距不宜大于 60 m。当工艺装置区宽度大于 120 m 时，宜在该装置区内的道路边设置消火栓

⑨ 建筑的室外消火栓、阀门、消防水泵接合器等设置地点应设置相应的永久性固定标志。

⑩ 寒冷地区设置市政消火栓、室外消火栓确有困难的，可设置水鹤等为消防车加水的设施，其保护范围可根据需要确定。

【能力提升训练】

结合所学知识，通过查阅文献等方式，进行宿舍楼消火栓充实水柱的计算。

【归纳总结提高】

1. 按设置区域分，消火栓系统分为（　　　）和（　　　）；按设置位置分，消火栓系统分为（　　　）和（　　　）。

2. 室内消火栓给水系统在供水的初期，由于消火栓泵的启动有一定的时间，其初期供水由（　　　）来供水。

A. 市政给水管网　　　B. 高位水箱　　　　C. 天然水源　　　　D. 消防水池

3. （　　　）可作为消防水源。

A. 市政给水　　　　　B. 消防水池　　　　C. 天然水源　　　　D. 上述三种水源

4. 室外消火栓系统的任务是（　　　）。

A. 通过室外消火栓为消防车等消防设备提供消防用水

B. 通过室外消火栓为消防车等消防设备提供消防用水，或通过进户管为室内消防给水设备提供消防用水

C. 通过室外消火栓为消防车等消防设备提供消防用水，或通过管道为园艺工程提供用水

D. 通过室外消火栓为消防车等消防设备提供消防用水，或为洒水车提供用水

项目十　其他消防设施

【学习目标】

掌握自动喷水灭火系统的组成、分类及工作原理，掌握火灾自动报警控制系统的组成及工作原理。

【知识储备】

一、自动喷水灭火系统

自动喷水灭火系统是由洒水喷头、报警阀组、水流报警装置（水流指示器或压力开关）等组件，以及管道、供水设施组成的，能在发生火灾时喷水的自动灭火系统。自动喷水灭火

系统在保护人身和财产安全方面具有安全可靠、经济实用、灭火成功率高等优点，广泛应用于工业建筑和民用建筑。自动喷水灭火系统根据所使用喷头的型式，分为闭式自动喷水灭火系统和开式自动喷水灭火系统两大类；根据系统的用途和配置状况，自动喷水灭火系统又分为湿式系统、干式系统、雨淋系统、水幕系统、自动喷水-泡沫联用系统等。下面简单介绍自动喷水灭火系统的分类与组成。

1. 湿式自动喷水灭火系统

湿式系统在准工作状态时，由消防水箱或稳压泵、气压给水设备等稳压设施维持管道内充水的压力。发生火灾时，在火灾温度的作用下，闭式喷头的热敏元件动作喷头开启并开始喷水。此时，管网中的水由静止变为流动，水流指示器动作送出电信号，在报警控制器上显示某一区域喷水的信息。由于持续喷水泄压造成湿式报警阀的上部水压低于下部水压，在压力差的作用下，原来处于关闭状态的湿式报警阀自动开启。此时压力水通过湿式报警阀流向管网，同时打开通向水力警铃的通道，延迟器充满水后，水力警铃发出声响警报，压力开关动作并输出启动供水泵的信号。供水泵投入运行后，完成系统的启动过程。

湿式系统是应用最为广泛的自动喷水灭火系统，适合在环境温度不低于 4 ℃ 并不高于 70 ℃ 的环境中使用。低于 4 ℃ 的场所使用湿式系统，存在系统管道和组件内充水冰冻的危险；高于 70 ℃ 的场所采用湿式系统，存在系统管道和组件内充水水蒸气气压升高而破坏管道的危险。

2. 干式自动喷水灭火系统

干式系统在准工作状态时，由消防水箱或稳压泵、气压给水设备等稳压设施维持干式报警阀入口前管道内充水的压力，报警阀出口后的管道内充满有压气体（通常采用压缩空气），报警阀处于关闭状态。发生火灾时，在火灾温度的作用下，闭式喷头的热敏元件动作，闭式喷头开启，使干式阀出口压力下降，加速器动作后促使干式报警阀迅速开启，管道开始排气充水，剩余压缩空气从系统最高处的排气阀和开启的喷头处喷出，此时通向水力警铃和压力开关的通道被打开，水力警铃发出声响警报，压力开关动作并输出启泵信号，启动系统供水泵；管道完成排气充水过程后，开启的喷头开始喷水。从闭式喷头开启至供水泵投入运行前，由消防水箱、气压给水设备或稳压泵等供水设施为系统的配水管道充水。干式系统适用于环境温度低于 4 ℃，或高于 70 ℃ 的场所。干式系统虽然解决了湿式系统不适用于高、低温环境场所的问题，但由于准工作状态时配水管道内没有水，喷头动作、系统启动时必须经过一个管道排气充水的过程，因此会出现滞后喷水现象，不利于系统及时控火灭火。

3. 预作用自动喷水灭火系统

预作用自动喷水灭火系统（以下简称预作用系统）由闭式喷头、雨淋阀组、水流报警装置、供水与配水管道、充气设备和供水设施等组成，在准工作状态时配水管道内不充水，由火灾报警系统自动开启雨淋阀后，转换为湿式系统。预作用系统与湿式系统、干式系统的不同之处，在于系统采用雨淋阀，并配套设置火灾自动报警系统。预作用系统可消除干式系统在喷头开放后延迟喷水的弊病，因此预作用系统可在低温和高温环境中替代干式系统。系统处于准工作状态时，严禁管道漏水。严禁系统误喷的忌水场所，应采用预作用系统。

4. 雨淋系统

雨淋系统由开式喷头、雨淋阀组、水流报警装置、供水与配水管道以及供水设施等组成，与前几种系统的不同之处在于，雨淋系统采用开式喷头，由雨淋阀控制喷水范围，由配套的火灾自动报警系统或传动管系统启动雨淋阀。雨淋系统有电动系统和液动或气动系统两种常用的自动控制方式。

系统处于准工作状态时，由消防水箱或稳压泵、气压给水设备等稳压设施维持雨淋阀入口前管道内充水的压力。发生火灾时，由火灾自动报警系统或传动管控制，自动开启雨淋报警阀和供水泵，向系统管网供水，由雨淋阀控制的开式喷头同时喷水。雨淋系统的喷水范围由雨淋阀控制，因此在系统启动后立即大面积喷水。因此雨淋系统主要适用于需大面积喷水、快速扑灭火灾的特别危险场所。火灾的水平蔓延速度快、闭式喷头的开放不能及时使喷水有效覆盖着火区域，或室内净空高度超过一定高度且必须迅速扑救初期火灾的，或属于严重危险级Ⅱ级的场所，应采用雨淋系统。

5. 水幕系统

水幕系统由开式洒水喷头或水幕喷头、雨淋报警阀组或感温雨淋阀、供水与配水管道、控制阀以及水流报警装置（水流指示器或压力开关）等组成。与前几种系统不同的是，水幕系统不具备直接灭火的能力，是用于挡烟阻火和冷却分隔物的防火系统。

系统处于准工作状态时，由消防水箱或稳压泵、气压给水设备等稳压设施维持管道内充水的压力。发生火灾时，由火灾自动报警系统联动开启雨淋报警阀组和供水泵，向系统管网和喷头供水。

防火分隔水幕系统利用密集喷洒形成的水墙或多层水帘，可封堵防火分区处的孔洞，阻挡火灾和烟气的蔓延，因此适用于局部防火分隔处。防护冷却水幕系统则利用喷水在物体表面形成的水膜，控制防火分区处分隔物的温度，使分隔物的完整性和隔热性免遭火灾破坏。

6. 自动喷水-泡沫联用系统

配置供给泡沫混合液的设备后，组成既可喷水又可以喷泡沫的自动喷水灭火系统

二、气体灭火系统

气体灭火系统是以一种或多种气体作为灭火介质，通过这些气体在整个防护区内或保护对象周围的局部区域建立起灭火浓度，实现灭火。气体灭火系统具有灭火效率高、灭火速度快、保护对象无污损等优点。气体灭火系统是根据灭火介质而命名的，当前比较常用的气体灭火系统有二氧化碳灭火系统、七氟丙烷灭火系统、IG-541 混合气体灭火系统、热气溶胶灭火系统等几种。

1. 系统的分类和组成

气体灭火系统一般由灭火剂储存装置、启动分配装置、输送释放装置、监控装置等组成。为满足各种保护对象的需要，最大限度地降低火灾损失，根据其充装不同种类灭火剂、采用不同增压方式，气体灭火系统具有多种应用形式。

（1）系统的分类。

① 按使用的灭火剂，分为二氧化碳灭火系统、七氟丙烷灭火系统、惰性气体灭火统、热气溶胶灭火系统。

② 按系统的结构特点，分为无管网灭火系统、管网灭火系统。

其中，无管网灭火系统又分为以下两类

a. 柜式气体灭火装置。该装置一般由灭火剂瓶组、驱动气体瓶组（可选）、容器、减压装置（针对惰性气体灭火装置）、驱动装置、集流管（只限多瓶组）、连接管喷头、信号反馈装置、安全泄放装置、控制盘、检漏装置、管道管件等组成。

b. 悬挂式气体灭火装置。该装置由灭火剂储存容器、启动释放组件、悬挂支架等组成。

③ 按应用方式，分为全淹没灭火系统、局部应用灭火系统

④ 按加压方式，分为自压式气体灭火系统、内储压式气体灭火系统、外储压式气体灭火系统。

（2）系统的组成。

气体灭火系统一般由灭火剂瓶组、驱动气体瓶组（可选）、单向阀、选择阀、驱动装置、集流管、连接管、喷头、信号反馈装置、安全泄放装置、控制盘、检漏装置管道管件及吊钩支架等组成。不同类型的气体灭火系统有所不同。

2. 系统的适用范围

（1）二氧化碳灭火系统。

二氧化碳灭火系统可用于扑救：灭火前可切断气源的气体火灾；液体火灾或石蜡青等可熔化的固体火灾；固体表面火灾及棉毛、织物、纸张等部分固体深位火灾；电气火灾。该系统不得用于扑救：硝化纤维、火药等含氧化剂的化学制品火灾；钾、钠、镁钛、锆等活泼金属火灾；氰化钾、氢化钠等金属氢化物火灾。

（2）七氟丙烷灭火系统。

七氟丙烷灭火系统适用于扑救：电气火灾；液体表面火灾或可熔化的固体火灾、固体表面火灾；灭火前可切断气源的气体火灾。不得用于扑救下列物质的火灾：含氧化剂的化学制品及混合物，如硝化纤维、酸钠等；活泼金属，如钾、钠、镁、钛、锆、铀等；金属氢化物，如氰化钾、氢化链等；能自行分解的化学物质，如过氧化氢、联胺等。

（3）热气溶胶灭火系统。

热气溶胶灭火系统适用于扑灭相对封闭空间的 A 类火灾、B 类火灾。该系统不适用于下列场所火灾：商业、饮食服务、娱乐等人员密集场所；有爆炸危险性的场所及有超净要求的场所；K 型及其他型热气溶胶预制灭火系统不得用于电子计算机房、通信机房等场所。

3. 系统的设置场所

（1）国家、省级或人口超过 100 万的城市广播电视发射塔楼内的微波机房、分米波机房、米波机房、变配电室和不间断电源（UPS）室。

（2）国际电信局、大区中心、省中心和一万路以上的地区中心内的长途程控交换机房、控制室和信令转接点室。

（3）两万线以上的市话汇接局和六万门以上的市话端局内的程控交换机房、控制室和信令转接点室。

（4）中央及省级治安、防灾和网局级及以上的电力等调度指挥中心内的通信机房和控制室。

（5）主机房建筑面积大于等于 140 m² 的电子计算机房内的主机房和基本工作间的已记录磁（纸）介质库。

（6）中央和省级广播电视中心内建筑面积不小于 120 m² 的音像制品仓库。

（7）国家、省级或藏书量超过 100 万册的图书馆内的特藏库，中央和省级档案馆内的珍藏库和非纸质档案库，大、中型博物馆内的珍品仓库，一级纸绢质文物的陈列室。

（8）其他特殊重要设备室。

三、干粉灭火系统

干粉灭火系统是借助惰性气体的驱动，携带干粉灭火剂形成气粉两相混合流，通过管道输送，经喷嘴喷出实施灭火的固定或半固定式灭火系统。干粉灭火系统由干粉灭火设备和自动控制两大部分组成，前者由干粉储罐、动力气瓶、减压阀、输粉管道以及喷嘴等组成，后者由火灾探测器、启动瓶、报警控制器等组成。干粉灭火系统的灭火机理是化学抑制、隔离、冷却与窒息。

1. 系统的分类

（1）按灭火方式，分为全淹没式干粉灭火系统、局部应用式干粉灭火系统和手持软管干粉灭火系统。

（2）按设计情况，分为设计型干粉灭火系统、预制型干粉灭火系统。

（3）按系统保护情况，分为组合分配系统、单元独立系统。

（4）按驱动气体储存方式，分为储气式干粉灭火系统、储压式干粉灭火系统、然气式干粉灭火系统。

2. 系统的工作原理

（1）自动控制方式。

当保护对象着火后，温度上升达到规定值，探测器发出火灾信号到控制器，由控制器打开相应报警设备（如声光及警铃）；当启动机构接收到控制器的启动信号后将启动瓶打开，启动瓶内的氮气通过管道将高压驱动气体瓶组的瓶头阀打开，瓶中的高压驱动气体进入集气管，经过高压阀进入减压阀，减压至规定压力后，通过进气阀进入干粉储罐内，搅动罐中干粉灭火剂，使罐中干粉灭火剂疏松形成便于流动的气粉混合物；当干粉罐内的压力达到规定压力数值时，定压动作机构开始动作，打开干粉罐出口球阀，干粉灭火剂则经过总阀门、选择阀、输粉管和喷嘴喷向着火对象，或者经喷枪射到着火对象的表面，进行灭火。

（2）手动控制方式。

手动启动装置是防护区内或保护对象附近的人员在发现火险时启动灭火系统的手段之一，故要求它们安装在靠近防护区或保护对象同时又是能够确保操作人员安全的位置。为了避免操作人员在紧急情况下错按其他按钮，故要求在所有手动启动装置上都应明显地标示出其对应的防护区或保护对象的名称。

手动紧急停止装置是在系统启动后的延迟时段内发现不需要或不能够实施喷放灭火剂的情况时可采用的一种使系统中止下来的手段。一旦系统开始喷放灭火剂，手动紧急停止装置便失去了作用。启用紧急停止装置后，虽然系统控制装置停止了后继动作，但干粉储罐增压仍然继续，系统处于蓄势待发的状态，这时仍有可能需要重新启动系统，释放灭火剂。在使用手动紧急停止装置后，手动启动装置可以再次启动。

3. 系统的适用范围

干粉灭火系统灭火迅速可靠，尤其适用于火焰蔓延迅速的易燃液体。它造价低、占地小、不冻结，对于无水且寒冷的我国北方尤为适宜。

（1）适用范围。

① 易燃、可燃液体，例如液体燃料罐、油罐、淬火油槽、洗涤油槽、浸渍槽、涂料反应釜、涂漆生产流水线、飞机库、汽车停车场、锅炉房、加油站、油泵房、液化气站、化学危险品仓库等。

② 伴有压力喷出的易燃液体或气体设施，例如反应塔、换热器、煤气站、天然气井、液化石油气充装站等。

③ 室内外变压油浸短路开关、变压器油箱等电气火灾。

④ 印刷厂、造纸厂、粘接胶带厂、造纸厂、棉纺厂等。

⑤ 三乙基铝储存罐、电缆等火灾。

（2）不适用范围。

① 火灾中产生含有氧的化学物质，例如硝酸纤维。

② 可燃金属，例如钠、钾、镁等。

③ 固体深位火灾。

四、泡沫灭火系统

1. 系统的灭火机理

（1）隔氧窒息作用。在燃烧物表面形成泡沫覆盖层，使燃烧物的表面与空气隔绝同时泡沫受热蒸发产生的水蒸气可以降低燃烧物附近氧气的浓度，起到窒息灭火作用。

（2）辐射热阻隔作用。泡沫层能阻止燃烧区的热量作用于燃烧物质的表面，因此可防止可燃物本身和附近可燃物质的蒸发。

（3）吸热冷却作用。泡沫析出的水对燃烧物表面进行冷却。

2. 系统的组成和分类

泡沫灭火系统一般由泡沫液、泡沫消防水泵、泡沫混合液泵、泡沫液泵、泡沫比例混合器（装置）、泡沫液压力储罐、泡沫产生装置、火灾探测与启动控制装置、控制阀门及管道等系统组件组成。

泡沫灭火系统按喷射方式，分为液上喷射、液下喷射、半液下喷射；按系统结构，分为固定式、半固定式和移动式；按发泡倍数，分为低倍数泡沫灭火系统、中倍数泡沫灭火系统、高倍数泡沫灭火系统。

3. 系统形式的选择

泡沫灭火系统主要适用于提炼、加工生产甲、乙、丙类液体的炼油厂、化工厂油田、油库，为铁路油槽车装卸油品的鹤管栈桥、码头、飞机库、机场、燃油锅炉房及大型汽车库等。在火灾危险性大的甲、乙、丙类液体储罐区和其他危险场所，灭火优越性非常明显。泡沫灭火系统的选用，应符合国家标准《泡沫灭火系统设计规范》（GB 50151—2010）的相关规定。

（1）甲、乙、丙类液体储罐区宜选用低倍数泡沫灭火系统；单罐容量不大于 5 000 m³ 的甲、乙类固定顶与内浮顶油罐和单罐容量不大于 10 000 m² 的丙类固定顶与内浮顶油罐，可选用中倍数泡沫系统。

（2）甲、乙、丙类液体储罐区固定式、半固定式或移动式泡沫灭火系统的选择应符合下列规定：低倍数泡沫灭火系统，应符合相关现行国家标准的规定；油罐中倍数泡沫灭火系统宜为固定式。

（3）全淹没式，局部应用式和移动式中倍数、高倍数泡沫灭火系统的选择，应根据防护区的总体布局、火灾的危害程度、火灾的种类和扑救条件等因素，经综合技术经济比较后确定。

（4）储罐区泡沫灭火系统的选择，应符合下列规定：烃类液体固定顶储罐，可选用液上喷射、液下喷射或半液下喷射泡沫系统；水溶性甲、乙、丙液体的固定顶储罐，应选用液上喷射或半液下喷射泡沫系统；外浮顶和内浮顶储罐应选用液上喷射泡沫系统；烃类液体外浮顶储罐、内浮顶储罐、直径大于 18 m 的固定顶储罐以及水溶性液体的立式储罐，不得选用泡沫炮作为主要灭火设施；高度大于 7 m、直径大于 9 m 的固定顶储罐，不得选用泡沫枪作为主要灭火设施；油罐中倍数泡沫系统，应选用液上喷射泡沫系统。

五、火灾自动报警系统

火灾自动报警系统是火灾探测报警与消防联动控制系统的简称，是以实现火灾初期探测和报警、向各类消防设备发出控制信号并接收设备反馈信号，进而以实现预定消防功能为基本任务的一种自动消防设施。

1. 系统的组成

火灾自动报警系统一般设置在工业与民用建筑内部和其他可对生命和财产造成危害的火

灾危险场所，与自动灭火系统、防排烟系统以及防火分隔设施等其他消防设施起构成完整的建筑消防系统。火灾自动报警系统由火灾探测报警系统、消防联动控制系统、可燃气体探测报警系统及电气火灾监控系统组成。

（1）火灾探测报警系统。

火灾探测报警系统由火灾报警控制器、触发器件和火灾警报装置等组成，它能及时、准确地探测被保护对象的初起火灾，并做出报警响应，从而使建筑物中的人员有足够的时间在火灾尚未发展蔓延到危害生命安全的程度时疏散至安全地带，是保障人员生命安全的最基本的建筑消防系统。

① 触发器件。在火灾自动报警系统中，自动或手动产生火灾报警信号的器件称为触发器件，主要包括火灾探测器和手动火灾报警按钮。火灾探测器是能对火灾参数如烟、温度、火焰辐射、气体浓度等）响应，并自动产生火灾报警信号的器件。手动火灾报警按钮是手动方式产生火灾报警信号、启动火灾自动报警系统的器件。火灾探测器主要有感烟火灾探测器（包括点型感烟火灾探测器和线型感烟火灾探测器）、感温火灾探测器（包括定温火灾探测器、差温火灾探测器、差定温火灾探测器）、感光火灾探测器（包括红外火焰火灾探测器和紫外火焰火灾探测器）、可燃气体探测器和复合式火灾探测器。

② 火灾报警装置。在火灾自动报警系统中，用以接收、显示和传递火灾报警信号，并能发出控制信号和具有其他辅助功能的控制指示设备称为火灾报警装置。火灾报警控制器就是其中最基本的一种。

③ 火灾警报装置。在火灾自动报警系统中，用以发出区别于环境声、光的火灾警报信号的装置称为火灾警报装置。它以声、光和音响等方式向报警区域发出火灾警报信号，以警示人们迅速采取安全疏散、灭火救灾措施。

④ 电源。火灾自动报警系统属于消防用电设备，其主电源应当采用消防电源，备用电源可采用蓄电池。系统电源除为火灾报警控制器供电外，还为与系统相关的消防控制设备等供电。

（2）消防联动控制系统。

消防联动控制系统由消防联动控制器、消防控制室图形显示装置、消防电气控制装置（防火卷帘控制器、气体灭火控制器等）、消防电动装置、消防联动模块、消火栓按钮、消防应急广播设备、消防电话等设备和组件组成。在火灾发生时，联动控制器按设定的控制逻辑准确发出联动控制信号给消防泵、喷淋泵、防火门、防火阀、防排烟阀和通风等消防设备，完成对灭火系统、疏散指示系统、防排烟系统及防火卷帘等其他消防有关设备的控制功能。当消防设备动作后，将动作信号反馈给消防控制室并显示，实现对建筑消防设施状态的监视功能。即接收来自消防联动现场设备，以及火灾自动报警系统以外的其他系统的火灾信息，或其他信息的触发和输入功能。

① 消防联动控制器。消防联动控制器是消防联动控制系统的核心组件。它通过接收火灾报警控制器发出的火灾报警信息，按预设逻辑对建筑中设置的自动消防系统（设施）进行联动控制。消防联动控制器可直接发出控制信号，通过驱动装置控制现场的受控设备；对于控

制逻辑复杂且在消防联动控制器上不便实现直接控制的情况，可通过消防电气控制装置（如防火卷帘控制器、气体灭火控制器等）间接控制受控设备同时接收自动消防系统（设施）动作的反馈信号。

②消防控制室图形显示装置。消防控制室图形显示装置用于接收并显示保护区域内的火灾探测报警及联动控制系统、消火栓系统、自动灭火系统、防烟排烟系统、防火门及卷帘系统、电梯、消防电源、消防应急照明和疏散指示系统、消防通信等各类消防系统及系统中的各类消防设备（设施）运行的动态信息和消防管理信息，同时还具有信息传输和记录功能。

③消防电气控制装置。消防电气控制装置的功能是用于控制各类消防电气设备它一般通过手动或自动的工作方式来控制各类消防泵、防烟排烟风机、电动防火门电动防火窗、防火卷帘、电动阀等各类电动消防设施的控制装置及双电源互换装置并将相应设备的工作状态反馈给消防联动控制器进行显示。

④消防电动装置。消防电动装置的功能是电动消防设施的电气驱动或释放，它是包括电动防火门窗、电动防火阀、电动防烟排烟阀、气体驱动器等电动消防设施的电气驱动或释放装置。

⑤消防联动模块。消防联动模块是用于消防联动控制器和其所连接的受控设备或部件之间信号传输的设备，包括输入模块、输出模块和输入输出模块。输入模块的功能是接收受控设备或部件的信号反馈并将信号输入到消防联动控制器中进行显示，输出模块的功能是接收消防联动控制器的输出信号并发送到受控设备或部件，输入输出模块则同时具备输入模块和输出模块的功能。

⑥消火栓按钮。消火栓按钮是手动启动消火栓系统的控制按钮。

⑦消防应急广播设备。消防应急广播设备由控制和指示装置、声频功率放大器、传声器、扬声器、广播分配装置、电源装置等部分组成，是在火灾或意外事故发生时通过控制功率放大器和扬声器进行应急广播的设备，它的主要功能是向现场人员通报火灾发生，指挥并引导现场人员疏散。

⑧消防电话。消防电话是用于消防控制室与建筑物中各部位之间进行通话的电话系统。由消防电话总机、消防电话分机、消防电话插孔构成。消防电话是与普通电话分开的专用独立系统，一般采用集中式对讲电话。消防电话的总机设在消防控制室，分机分设在其他各个部位。

2. 系统的工作原理

在火灾自动报警系统中，火灾报警控制器和消防联动控制器是核心组件，是系统中火灾报警与警报的监控管理枢纽和人机交互平台。

（1）火灾探测报警系统。

火灾发生时，安装在保护区域现场的火灾探测器，将火灾产生的烟雾、热量和光辐射等火灾特征参数转变为电信号，经数据处理后，将火灾特征参数信息传输至火灾报警控制器；或直接由火灾探测器做出火灾报警判断，将报警信息传输到火灾报警控制器。火灾报警控制器在接收到探测器的火灾特征参数信息或报警信息后，经报警确认判断，显示报警探测器的部位，记录探测器火灾报警的时间。处于火灾现场的人员，在发现火灾后可立即触动安装在现场的手动火灾报警按钮，手动报警按钮便将报警信息传输到火灾报警控制器，火灾报警控制器在接收到手动火灾报警按钮的报警信息后，经报警确认判断，显示动作的手动报警按钮的部位，记录手动火灾报警按钮报警的时间。火灾报警控制器在确认火灾探测器和手动火灾报警按钮的报警信息后，驱动安装在被保护区域现场的火灾警报装置，发出火灾警报，向处于被保护区域内的人员警示火灾的发生。

（2）消防联动控制系统。

火灾发生时，火灾探测器和手动火灾报警按钮的报警信号等联动触发信号传输至消防联动控制器，消防联动控制器按照预设的逻辑关系对接收到的触发信号进行识别判断，在满足逻辑关系条件时，消防联动控制器按照预设的控制时序启动相应的自动消防系统（设施），实现预设的消防功能；消防控制室的消防管理人员也可以通过操作消防联动控制器的手动控制盘直接启动相应的消防系统（设施），从而实现相应消防系统（设施）预设的消防功能。消防联动控制系统接收并显示消防系统（设施）动作的反馈信息。

3. 系统的设置场所

（1）任一层建筑面积大于 1 500 m^2 或总建筑面积大于 3 000 m^2 的制鞋、制衣、玩具、电子等类似用途的厂房。

（2）每座占地面积大于 1 000 m^2 的棉、毛、丝、麻、化纤及其制品的仓库，占地面积大于 500 m^2 或总建筑面积大于 1 000 m^2 的卷烟仓库。

（3）任一层建筑面积大于 1 500 m^2 或总建筑面积大于 3 000 m^2 的商店、展览、财贸金融、客运和货运等类似用途的建筑，总建筑面积大于 500 m^2 的地下或半地下商店。

（4）图书或文物的珍藏库，每座藏书超过 50 万册的图书馆，重要的档案馆。

（5）地市级及以上广播电视建筑、邮政建筑、电信建筑，城市或区域性电力、交通和防灾等指挥调度建筑。

（6）特等、甲等剧场，座位数超过 150 个的其他等级的剧场或电影院，座位数超过 2 000 个的会堂或礼堂，座位数超过 3 000 个的体育馆。

（7）大、中型幼儿园的儿童用房等场所，老年人建筑，任一层建筑面积大于 1 500 m^2 或总建筑面积大于 3 000 m^2 的疗养院的病房楼、旅馆建筑和其他儿童活动场所，不少于 200 个床位的医院门诊楼、病房楼和手术部等。

（8）歌舞、娱乐、放映、游艺场所。

（9）净高大于 2.6 m 且可燃物较多的技术夹层，净高大于 0.8 m 且有可燃物的闷顶或吊顶内。

（10）大、中型电子计算机房及其控制室、记录介质库，特殊贵重或火灾危险性大的机器、仪表、仪器设备室，贵重物品库房，设置气体灭火系统的房间。

（11）二类高层公共建筑内建筑面积大于 50 m^2 的可燃物品库房和建筑面积大于 500 m^2

的营业厅。

（12）其他一类高层公共建筑。

（13）设置机械防烟排烟系统、雨淋或预作用自动喷水灭火系统、固定消防水炮灭火系统等需与火灾自动报警系统联动的场所或部位。

（14）建筑高度大于 100 m 的住宅建筑。

（15）建筑高度大于 54 m 但不大于 100 m 的住宅建筑，其公共部位应设置火灾自动报警系统，套内宜设置火灾探测器。

（16）建筑高度不大于 54 m 的高层住宅建筑，其公共部位宜设置火灾自动报警系统。当设置需联动控制的消防设施时，公共部位应设置火灾自动报警系统。

（17）高层住宅建筑的公共部位应设置具有语音功能的火灾声音警报装置或应急广播。

（18）建筑内可能散发可燃气体、可燃蒸气的场所应设置可燃气体报警装置。

【能力提升训练】

结合所学知识，通过查阅文献、上网等方式，确定不同类型建筑适用哪些灭火系统？

【归纳总结提高】

1. 简述自动喷水灭火系统的组成。

2. 自动喷水灭火系统根据所使用喷头的型式，分为（　　　）和（　　　）两大类。

3. 下列不属于闭式自动喷水灭火系统的是（　　　）。

A. 湿式自动喷水灭火系统　　　　　　B. 干式自动喷水灭火系统

C. 干湿两用式自动喷水灭火系统　　　D. 雨淋灭火系统

4. 湿式自动喷水灭火系统适用于环境温度（　　）的场所。

A. 不低于 4 ℃ 并不高于 70 ℃　　　　B. 不低于 0 ℃ 并不高于 70 ℃

C. 不低于 4 ℃ 并不高于 100 ℃　　　D. 不低于 0 ℃ 并不高于 100 ℃

5. 不以直接灭火为目的的灭火系统是（　　　）。

A. 湿式自动喷水灭火系统　　　　　　B. 干式自动喷水灭火系统

C. 水幕灭火系统　　　　　　　　　　D. 雨淋灭火系统

6. 简述火灾自动报警系统的组成。

7. 简述火灾自动报警系统的分类及工作原理。

课题四　防爆技术

项目一　燃烧与爆炸的关系

【学习目标】

了解爆炸发生的条件；熟悉燃烧和爆炸之间的关系。

【知识储备】

2017年12月9日凌晨2时20分左右，连云港某生物科技有限公司年产3 000吨间二氯苯装置发生爆炸事故，造成4人死亡，1人受伤，6人被困，间二氯苯装置与其东侧相邻的3-苯甲酸装置整体坍塌，部分厂房坍塌、建筑物受损严重。

1996年4月5日上午，南京塑料厂消防队欲报废一批废旧灭火器，经与长虹废品收购站商定，由收购站上门收购。8时40分，收购站派王某、孙某进厂拆卸。当孙送物返回拆卸现场时，发现王已被炸死在血泊中。有关部门现场勘查发现，爆炸的灭火器是8千克碳酸氢钠干粉灭火器，其钢瓶因被触动，气体进入出粉管已阻塞的灭火器筒内，筒内压力陡增引发爆炸。爆炸冲力使筒体向上飞进，击中王的头部而发生事故。

1986年4月26日凌晨1时23分（UTC＋3），乌克兰普里皮亚季邻近的切尔诺贝利核电厂的第四号反应堆发生了爆炸。连续的爆炸引发了大火并散发出大量高能辐射物质到大气层中，这些辐射尘涵盖了大面积区域。这次灾难所释放出的辐射线剂量是第二次世界大战时期爆炸于广岛的原子弹的400倍以上。

爆炸就是指物质的物理或化学变化，在变化的过程中伴随有能量的快速转化，内能转化为机械压缩能，且使原来的物质或其变化产物在周围介质产生运动。爆炸一般可分为三类：

（1）物理爆炸：由物理原因引起的爆炸称为物理爆炸（如压力容器爆炸）；

（2）化学爆炸：由化学反应释放能量引起的爆炸称为化学爆炸（如炸药爆炸）；

（3）核爆炸：由于物质的核能的释放引起的爆炸称为核爆炸（如原子弹爆炸）。

本节主要分析化学爆炸产生的条件及机理，分析燃烧与爆炸的关系。

一、可燃物质化学爆炸的条件

1. 反应的放热性

反应的快速放热或吸热是爆炸物发生爆炸的必要条件。爆炸本身是能量急骤转化的过程，将化学能转化为热能，热能再转化为对周围介质所做的机械功。

例如硝酸铵受低温加热作用时分解缓慢，这是一个吸热分解。具体分解过程如下所示：

$$NH_4NO_3 \longrightarrow NH_3 + HNO_3 - 714.7J$$

但当硝酸铵受到强起爆作用时就可以发生化学大爆炸，这是一个放热分解。

$$NH_4NO_3 \longrightarrow N_2 + 2H_2O + 0.5O_2 + 529.2J$$

由此可见，即使同一个物质，反应条件不同其反应结果也不同，其反应是否具有爆炸性决定于反应过程是否能放出热量，只有放热反应才可能具有爆炸性。

2. 反应的快速性

爆炸的第二个必要条件是反应的快速性，它是区别于一般化学反应过程的最重要的标志。炸药的爆炸具有爆炸的显著特征，这是由其反应的快速性所决定的。

如 1 kg 汽油在发动机燃烧需要 5～6 min；而 1 kg TNT 爆炸所放出的热仅为 4 222 kJ，但它形成爆炸反应的时间只需百分之几秒至百万分之几秒，所以在爆炸完成的瞬间，气体尚未来得及膨胀就被反应热加热到 2 000～3 000 ℃，气体来不及膨胀就被加热到很高的温度，具有很高的压力，高温高压的气体骤然膨胀就形成了爆炸。

3. 生成气体产物

爆炸物的化学反应产生了大量的气体，由于气体的可压缩性很大，膨胀系数也很大，而爆炸对周围介质的做功就是通过高温高压的气体迅速膨胀实现的。因此在反应过程中，生成大量气体也是爆炸的一个重要因素。

如 1 kg TNT 能生成 1 180 L 气态产物，体积膨胀 1 000 余倍。由于反应过程的放热性，造成气体产物瞬间被强烈压缩在近似原有体积内，形成高温、高压（数十万个大气压）气体对外界进行膨胀做功。

如果反应产物不是气体，而是固体或液体，那么，即使是放热反应，也不会形成爆炸现象。例如铝热剂的反应：

$$2Al + Fe_2O_3 \longrightarrow Al_2O_3 + 2Fe + 829 \text{ kJ}$$

反应放出的热可使生成物加热到 3 000 ℃ 左右，但由于生成物在 3 000 ℃ 时仍处于液态，没有大量气体生成，因而不是爆炸反应。

综上所述，放热性、快速性和生成气体产物是化学爆炸的三个必要条件。放热给爆炸提供了能源，而快速性则是使有限能量集中在较小容积内产生大功率的必要条件。反应的放热性将爆炸物加热到高温，从而使化学反应速率大大地增加，即增大了反应的快速性。此外，由于放热可以将产物加热到很高的温度，这就使更多的产物处于气体状态。

二、燃烧与爆炸的关系

可燃性物质只要具备了燃烧三要素，在一定条件下就会发生燃烧，但当条件进一步恶化时，它们又可以转化为爆炸，造成更大的损失。

1. 燃烧与爆炸的区别

（1）燃烧和爆炸都是迅速的氧化过程，燃烧需要外界供给的空气或氧气，没有助燃剂，燃烧反应就不能进行，如天然气、木材等在空气中燃烧；某些含氧的化合物或混合物，在缺氧的情况下虽然也能燃烧，但由于其含氧不足，隔绝空气后燃烧就不完全或熄灭。而炸药的化学组成或混合组分中含有较丰富的氧元素或氧化剂，发生爆炸变化时无需外界的氧参与反应，其实，它是能够发生自身燃烧反应的物质。所以说爆炸反应的实质就是瞬间的剧烈燃烧反应。

（2）燃烧的传播是依靠传热进行的，因而燃烧的传播速度慢，一般是每秒几毫米到几百米；而爆炸的传播是依靠冲击波进行的，传播速度快，一般是每秒几百米到几千米。但是，对于可燃性气体、蒸汽或粉尘与空气形成的爆炸性混合物，其燃烧与爆炸几乎是不可分的，往往是被点火后首先燃烧，由于温度和压力急剧升高，使燃烧的速度迅速加快，因而连续产生无数个压缩波，这些压缩波在传播过程中迭加成冲击波，从而发生爆炸。瓦斯爆炸就是这种类型。

（3）燃烧的传播是化学反应放出的能量通过热传导、热辐射和气体产物的传播传入下一层炸药，引起未反应的物质进行燃烧反应，使反应得以连续传播下去；爆轰是借助于冲击波沿炸药的传播来实现的，即由化学反应放出的能量补充和维持冲击波的强度，在冲击波的冲击压缩作用下，激起下层炸药进行爆轰反应。

（4）燃烧反应产物的压力一般不高，不会对周围介质产生力的效应；而爆炸产物的压力很高，可达几万至几十万个大气压，因而向四周传出冲击波，对周围介质有强烈的力效应。

燃烧反应易受外界压力和温度的影响，当外界压力低时，燃烧速度慢，压力增高，燃烧反应加快；当外界压力过高时，燃烧反应变得不稳定，以致转变为爆炸。而爆炸基本上不受外界条件的影响。

2. 燃烧转化为爆炸的条件

燃烧和化学性爆炸两者可随条件而转化。同一物质在一种条件下可以燃烧，在另一种条件下可以爆炸。例如煤块只能缓慢地燃烧，如果将它磨成煤粉，再与空气混合后就可能爆炸，这也能说明燃烧和化学性爆炸在本质上是相同的。

由于燃烧和爆炸可以随条件而转化，所以生产过程发生的这类事故，有些是先爆炸后燃烧，例如油罐、电石库或乙炔发生器爆炸后，接着往往是一场大火；而某些情况下会是先发生火灾而后爆炸，例如抽空的油槽在着火时，可燃蒸气不断消耗，而又不能及时补充较多的可燃蒸气，因而浓度不断下降，当蒸气浓度下降到爆炸极限范围内时，则发生爆炸。

由以上的分析可知，燃烧与爆炸物具有紧密相关的两个特性。从安全技术角度来讲，防止爆炸物发生火灾与爆炸事故就成了紧密相关的问题。一般来说，火灾与爆炸两类事故往往连续发生。大的爆炸之后常伴随有巨大的火灾；存在有爆炸物质和爆炸混合物的场所，大的火灾往往创造了爆炸的条件，由火灾导致爆炸。因此，了解燃烧与爆炸的关系，从技术上杜绝一切由燃烧转化为爆炸的可能性，则是防火防爆技术的一个重要方面。

【能力提升训练】

请你通过本节所学知识或参考相关资料，查找三种爆炸类型的典型事故案例，并制作课件进行分享。

【归纳总结提高】
1. 可燃物化学爆炸的条件是什么？
2. 简要说明燃烧和爆炸的关系。

项目二　防爆技术措施

【学习目标】

能够对有爆炸危险的场所提出有效的防爆措施，并能够根据所学对某一建筑内的火灾爆炸有害因素进行识别。

【知识储备】

防爆基本技术与措施，就是根据科学原理和实践经验，对火灾爆炸危险所采取的预防、控制和消除措施。根据物质燃烧爆炸原理，不使物质处于燃爆的危险状态、在设计时严格按照防火防爆规范执行和采用生产安全装置，就可以防止火灾爆炸事故的发生。但在实践中，由于受到生产、储存条件的限制，或者受某些不可控制的因素影响，仅采取一种措施是不够的，往往需要同时采取上述多个方面的措施，以提高安全度。此外，还应考虑某种辅助措施，以便万一发生火灾爆炸事故时，减少危害，把损失降到最低限度。建筑防爆的基本技术措施分为预防性技术措施和减轻性技术措施。

一、预防性技术措施

1. 排除能引起爆炸的各类可燃物质

（1）在生产中尽量不用或少用具有爆炸危险的各类可燃物质。

以不燃或难燃材料替代可燃材料，以不燃溶剂替代可燃溶剂，以高沸点的溶剂替代挥发性大的溶剂，以介质加热取代直接加热，以负压低温替代加热蒸发等，可以说这是防火防爆的根本措施。

（2）系统尽可能保持密闭状态，防止"跑、冒、滴、漏"。

为防止易燃性气体、液体和可燃性粉尘与外界空气接触而形成爆炸性混合物，应设法将它们放在密闭设备或容器中储存或操作。为了保证设备系统的密闭性，通过以下措施达到：

① 对有燃爆危险物料的设备和管道，尽量采用焊接，减少法兰连接。同时要保证安装和检修方便。

② 输送燃爆危险性大的气体、液体管道，最好用无缝钢管。盛装腐蚀性物料的容器尽可能不设开关和阀门，可将物料从顶部抽吸排出。

③ 接触高锰酸钾、氯酸钾、硝酸钾、漂白粉等粉状氧化剂的生产传动装置，要严加密封，经常清洗，定期更换润滑油，以防止粉尘漏进变速箱中与润滑油接触而引起火灾。

④ 对加压和减压设备，在投入生产前、检修和运行中，应做气密性检验和耐压强度试验。

⑤ 负压操作可防止系统中有爆炸危险性的物质逸入生产场所，减少发生燃烧和爆炸的危

险性。

（3）加强通风除尘。

要使设备达到绝对密闭是很难办到的，总会有一些可燃气体、蒸汽或粉尘从设备系统中泄露出来，而且生产过程中某些工艺会大量释放可燃性物质。因此必须用通风的方法使可燃气体、蒸汽或粉尘的浓度不致达到危险的程度。

通风设置时应注意气体或蒸汽的密度，密度比空气大的要防止可能在低洼处积聚；密度比空气小的要防止可能在高处死角上积聚，有时即使很少量也会在局部达到爆炸极限。设备的所有排风管应直接通往室外，高出附近屋顶。排气管不应是负压，也不能造成堵塞，如排出蒸汽冷凝结成液滴，则放空时还应考虑设有专门的蒸汽保护措施。

散发较空气重的可燃气体，可燃蒸汽的甲类厂房以及有粉尘、纤维爆炸危险的乙类厂房，应采用不发生火花的地面。采用绝缘材料作整体面层时，应采用限防静电措施。散发可燃粉尘、纤维的厂房内表面应平整、光滑，并易于清扫。厂房内不宜设置地沟，必须设置时，其盖板应严密，地沟应采取防止可燃气体、可燃蒸汽及粉尘、纤维在地沟积聚的有效措施，且与相邻厂房连通处应采用防火材料密封。

（4）利用惰性气体保护。

由于爆炸的形成需要有可燃物质、氧气以及一定的点火能量，用惰性气体取代空气，避免空气中的氧气进入系统，就消除了引发爆炸的一大因素，从而使爆炸过程不经常采取的惰性气体（或阻燃性气体）主要有氮气、二氧化碳、水蒸气、烟道气等，如下情况通常需考虑采用惰性介质保护：

① 可燃固体物质的粉碎、筛选处理及其粉末输送时，采用惰性气体进行覆盖保护；

② 处理可燃易爆的物料系统，在进料前用惰性气体进行置换，以排除系统中原有的气体，防止形成爆炸性混合物；

③ 将惰性气体通过管线与火灾爆炸危险的设备、储槽等连接起来，在万一发生危险时使用；

④ 易燃液体利用惰性气体充压输送；

⑤ 在有爆炸性危险的生产场所，对有可能引起火灾危险的电器、仪表等采用充氮正压保护；

⑥ 易燃易爆系统检修动火前，使用惰性气体进行吹扫置换；

⑦ 发现易燃易爆气体泄漏时，采用惰性气体（水蒸气）冲淡。发生火灾时，用惰性气体进行灭火。

向可燃气体、蒸气或粉尘与空气的混合物中加入惰性气体，可以达到两种效果，一是缩小甚至消除爆炸极限范围，二是将混合物冲淡。例如，易燃固体物质的压碎研磨、筛分、混合以及粉状物料的输送，可以在惰性气体的覆盖下进行；当厂房内充满可燃性物质而具有危险时（如发生事故使车间、库房充满有爆炸危险的气体或蒸气），应向这一地区放送大量惰性气体加以冲淡；在生产条件允许的情况下，可燃混合物在处理过程中亦应加入惰性气体作为保护气体；还有用惰性介质充填非防爆电器仪表；在停车检修或开工生产前，用惰性气体吹扫设备系统内的可燃物质等。总之，合理利用惰性气体，对防火防爆具有很大的实际作用。

惰性气体的用量，可根据危险物料系统燃烧必需的最低含氧量计算（见表 4-1）。

表 4-1 某些可燃物惰性化的最高容许含氧量 %

可燃物	用 N_2	用 CO_2	可燃物	用 N_2	用 CO_2
甲烷	12.1	14.5	甲醇	10	13.5
乙烷	11	13.4	乙醇	10.5	13
丙烷	11.4	14.3	乙醚	10.5	13
丁烷	12.1	14.5	丙酮	11	12.5
异丁烷	12	15	氢气	4	5
戊烷	12.1	14.4	一氧化碳	5.5	6
己烷	12.1	14.5	硫化氢	7.5	11.5
汽油	11.6	14.4	煤粉	−	12~15
乙烯	10.6	11.7	麦粉		12
丙烯	11.5	14.1	硫黄粉	−	9
丁二烯	10.4	14.1	铝粉	7	2.5
苯	11.2	13.9	锌粉	8	8

如使用纯惰性气体时，惰性气体需用量按下式计算：

$$X = \frac{21-a}{a}V \qquad (4-1)$$

式中 X——惰性气体需用量；

  a——氧的最高允许含量，%，可从表 4-1 查得；

  V——设备中原有的空气体积（其中氧占 21%），m^3。

【例 4-1】有一汽油贮罐，上部空间为 $100\ m^3$，现要充氮保护，试计算氮气需用量。

解：由表查得，用氮气保护时，汽油的氧的最高允许含量为 11.6%。将已知数代入公式，则得

$$X = \frac{21-11.6}{11.6} \times 100 = 81.3\ m^3$$

如使用含有部分氧的惰性气体时，惰性气体需用量按下式计算：

$$X = \frac{21-a}{a-a'}V \qquad (4-2)$$

式中 a'——惰性气体中所含氧的量，%。

【例 4-2】在例 4-1 中若加入的氮气含有 4% 的氧气，试计算需要多少氮气？

解：将已知数代入公式，则得

$$X = \frac{21-11.6}{11.6-4} \times 100 = 123.68\ m^3$$

在实际操作中，因为惰性气体会流失，加入的实际量要比理论计算值大些。

（5）对危险物品进行合理储存。

由于各种危险化学品的性质不同，如果储存不当，往往会酿成严重的事故。例如：无机酸本身不可燃，但与可燃物质相遇可能引起燃烧或爆炸；氯酸盐与可燃的金属相混合时能引起金属的燃烧或爆炸；活泼金属能在卤素中自行燃烧。为防止不同性质物品在储存中相互接触而引起火灾爆炸事故，禁止一起储存的物品见表4-2。

表4-2　危险物品共同储存的规则

组别	物品名称	储存规则	备注
1	爆炸物品：苦味酸、TNT、火棉、硝化甘油、硝酸铵炸药、雷汞等	不准与任何其他种类的物品共储，必须单独隔离储存	起爆药，如雷管等必须与炸药隔离储存
2	易燃液体及可燃液体：汽油、苯、二硫化碳、丙酮、乙醚、甲苯、酒精、醋酸、醋类、喷漆、煤油、松节油、樟脑油等	不准与其他种类物品共同储存	如果数量甚少，允许与固体易燃物品隔开后共同储存
3	易燃气体：乙炔、氢、氯甲烷、硫化氢、氨等	除惰性不燃气体外，不准与其他种类物品共同储存	
	惰性不燃气体：氮、二氧化碳、二氧化硫、氟利昂等	除易燃气体和助燃气体、氧化剂中能形成爆炸性混合物的物品和有毒物品外，不准与其他种类物品共同储存	
	助燃气体：氧、压缩空气、氟、氯等	除惰性不燃气体和有毒物品外，不准与其他物品共同储存	氯有毒害性
4	遇水或空气能自燃的物品：钾、钠、电石、磷化钙、锌粉、铝粉、黄磷等	不准与其他种类物品共同储存	钾、钠须浸入煤油中，黄磷须浸入水中储存，均须单独隔离储存
5	易燃固体：赛璐珞、胶片、赤磷、萘、樟脑、硫黄、火柴等	不准与其他种类的物品共同储存	赛璐珞、胶片、火柴均须单独隔离储存
6	氧化剂：能形成爆炸性混合物的物品：氯酸钾、氯酸钠、硝酸钠、硝酸钾、硝酸钡、次氯酸钙、亚硝酸钠、过氧化钡、过氧化钠、过氧化氢（30%）等	除压缩气体和液化气体中惰性气体外，不准与其他种类物品共同储存	过氧化物遇水有发热爆炸危险，应单独储存；过氧化氢应储存在阴凉处所
	能引起燃烧的物品：溴、硝酸、硫酸、铬酸、高锰酸钾、重铬酸钾等	不准与其他种类物品共同储存	与氧化剂中能形成爆炸混合物的物品亦应隔离
7	有毒物品：光气、氰化钾、氰化钠、五氧化二砷等	除惰性气体外，不准与其他种类物品共同储存	

（6）预防燃气泄漏，设置可燃气体浓度报警装置。

可燃气体报警装置用来检测可燃气体的泄露。当工业环境中有可燃气体泄露时，当可燃气体报警装置检测到气体浓度达到爆炸临界点时，可燃气体报警装置就会发出报警信号，以提醒现场工作人员采取安全措施，并驱动排风、切断、喷淋系统，防止发生爆炸、火灾、中毒事故，从而保障安全生产。

2. 消除或控制能引起爆炸的各种火源

（1）防止撞击、摩擦产生火花。

（2）防止高温表面成为点火源。

（3）防止日光照射。

（4）防止电气火灾。

（5）消除静电火花。

（6）防雷电火花。

（7）防止明火。

二、减轻性技术措施

1. 采取泄压措施

在建筑围护构件设计中设置一些薄弱构件，即泄压面积，当爆炸发生时，这些泄压构件首先破坏，使高温高压气体得以泄放，从而降低爆炸压力，使主体结构不发生破坏。有爆炸危险的甲、乙类厂房，应采用轻质屋面板、轻质墙体和易于泄压的门、窗等作为泄压设施。

2. 采用抗爆性能良好的建筑结构体系

强化建筑结构主体的强度和刚度，使其在爆炸中足以抵抗爆炸的压力而不能倒塌。对有爆炸危险的厂房，应选用耐火、耐爆较强的结构型式，以避免和减轻现场人员的伤亡和设备物资的损失。

有爆炸危险的甲、乙类厂房，其承重结构宜采用钢筋混凝土或钢框架、排架结构。

3. 采用合理的建筑布置

在建筑设计时，根据建筑生产、储存的爆炸危险性，在总平面布局和平面布置上合理设计，尽量减小爆炸的影响范围，减少爆炸产生的危害。

① 除有特殊要求外，一般情况下，有爆炸危险的厂房应采用单层建筑。

② 有爆炸危险的生产不应设在建筑物的地下室或半地下室内。

③ 有爆炸危险的甲、乙类厂房宜独立设置，并宜采用敞开或半敞开式的厂房。

④ 有爆炸危险的甲、乙类生产部位，宜设在单层厂房靠外墙的泄压设施或多层厂房顶层靠外墙的泄压设施附近。

【能力提升训练】

以某建筑为案例，请查阅相关资料，对该工业场所内的火灾爆炸危险源进行辨识，主要从以下几个方面进行考虑。

（1）生产过程。

（2）设备本身。

（3）作业环境。

（4）安全管理。

将辨识出的火灾爆炸危险有害因素进行汇总，并填入表 4-3 中。

表 4-3　火灾爆炸危险有害因素汇总表

序号	火灾爆炸危险有害因素

【归纳总结提高】

1. 建筑防爆的基本技术措施有哪些？

2. 哪些是属于减轻性技术措施？

项目三　爆炸危险性建筑的防爆

【学习目标】

掌握有爆炸危险的甲、乙类厂房的总平面布局；办公室、休息室在厂房内的设置要求；了解常用的泄压设施以及能够计算某建筑内泄压面的面积。

【知识储备】

一、爆炸危险性厂房库房的布置

对具有爆炸危险性的厂房、库房，根据其生产储存物质的性质划分其危险性，除了生产工艺上的防火防爆要求之外，厂房、库房的合理布置是杜绝"先天性"安全隐患的重要措施。

1. 总平面布局

（1）有爆炸危险的甲、乙类厂房、库房宜独立设置，并宜采用开或半敞开式，其承重结构宜采用钢筋混凝土或钢框架排架结构。

（2）有爆炸危险的厂房、库房与周围建筑物应保持一定的防火间距。如甲类厂房与民用的防火间距不应小于 25 m，与高层建筑、重要公共建筑的防火间距不应小于 50 m，与明火或散发火花地点的防火间距不应小于 30 m。甲类库房与高层通筑、重要公共建筑物的防火间距不应小于 50 m。

（3）有爆炸危险的厂房平面布置最好采用短形，与主导风向应垂直或夹角不小于 45 度，以有效利用穿堂风吹散爆炸性气体，在山区宜布置在迎风山坡一面且通风良好的地方。

（4）防爆厂房宜单独设置，如必须与非防爆厂房贴邻时只能一面贴邻，并在两者之间用防火墙或防爆墙隔开。相邻两个厂房之间不应直接有门连通，以避免爆炸冲击波的影响。

2. 平面布置

（1）地下室。

甲、乙类仓库不应设置在地下或半地下。如果设置在地下、半地下，火灾时室内气温高，烟气浓度比较大，热分解产物成分复杂，不利于消防救援。

（2）中间仓库。

厂房内设置甲乙类中间仓库时，其储量不宜超过一昼夜的需要量。中间仓库应靠外墙布置，并最好设置直通室外的安全出口。

（3）办公室、休息室。

甲乙类厂房内不应设置办公室休息室。当办公室、休息室必须与本厂房贴邻建造时，且耐火等级不应低于二级，并应用耐火极限不低于 3.0 h 的防爆墙隔开，并设置独立的安全出口。甲乙类仓库内严禁设置办公室、休息室等，并不应贴邻建造。

（4）变配电站。

甲乙类厂房属于易燃易爆场所，因此不应将变配电站设在有爆炸危险的甲乙类厂房内或贴邻建造，且不应设置在具有爆炸性气体、粉尘环境的危险区域内以提高厂房的安全程度。如果生产上确有需要，允许在厂房的一面外墙贴邻建造专为甲类或乙类厂房服务的 10 kV 及以下的变配电站，并用无门窗洞口的防火墙隔开。

（5）有爆炸危险的部位。

有爆炸危险的甲乙类生产部位，宜设置在单层厂房靠外墙的泄压设施或多层长钉顶层靠外墙的泄压设施附近。有爆炸危险的设备宜避开厂房的梁、柱等承重结构布置。易产生爆炸的设备应尽量放在靠近外墙靠窗的位置或设置在露天，以减弱其破坏力。

3. 其　他

（1）厂房内不宜设置地沟，必须设置时，其盖板应严密，采取防止可燃气体、可燃蒸气及粉尘、纤在地沟积聚的有效措施，且与相邻厂房连通处应采用防火材料密封。

（2）使用和生产甲、乙、丙类液体厂房的管、沟不应和相邻厂厂房的管、沟相通，该厂房的下水道应设置隔油设施。但是，对于水溶性可燃、易燃液体，采用常规的隔油设施不能有效防止可燃液体蔓延流散，而应根据具体生产情况采取相应的排放处理措施。

（3）甲、乙、丙类液体仓库应设置防止液体流散的设施。遇湿会发生燃烧爆炸的物品仓库应设置防止水浸渍的措施。

防止液体流散的基本做法有两种：一是在桶装仓库门洞处修筑慢坡，一般高为 150～300 mm；二是在仓库门口砌筑高度为 150～300 mm 的门槛，再在门槛两边填沙土形成慢坡，便于装卸。

金属钾、钠、锂、钙、锶及化合物氢化锂等遇水会发生燃烧爆炸的物品的仓库要求设置防止水浸渍的设施，如使室内地面高出室外地面、仓库屋面严密遮盖，防止渗漏雨水，装卸这类物品的仓库栈台有防雨水的遮挡等。

二、爆炸危险性建筑的构造防爆

为了防止爆炸时建筑构造受到破坏导致建筑物承载能力降低乃至坍塌，必须加强建筑构造的抗爆能力，并采取有效泄压措施降低爆炸的危害程度。

1. 泄压设施

当厂房、仓库存在点火源且爆炸性混合物的浓度合适时，就可能发生爆炸。为尽量减少事故的破坏程度，必须在建筑物或装置上预先开设面积足够大的、用低强度材料做成的压力泄放口。在爆炸事故发生时，及时打开这些泄压门，使建筑物或装置内由于可燃气体、蒸汽或粉尘在密闭空间中燃烧而产生的压力泄放出去，以保持建筑物或装置完好，减轻事故的危害。

当发生爆炸时，作为泄压设施的建筑构配件首先遭到破坏，将爆炸气体及时泄放，使室内的爆炸压力骤然下降，从而保护建筑的主体结构，并减轻人员伤亡和设备破坏。一般可采用的泄压构件主要是轻质屋面板和轻质墙体，质量不宜大于 $60\ kg/m^2$。泄压面的实质应避开人员集中的场所和主要交通道路，并宜靠近容易发生爆炸的部位。散发较空气轻的可燃气体、可燃蒸汽的甲类厂房，宜采用轻质屋面板的全部或局部作为泄压面积。顶棚应尽量平整、避免死角，厂房上部空间要通风良好。

2. 泄压面积

有爆炸危险的甲、乙类厂房，其泄压面积宜按下式计算，但当厂房的长径比大于 3 时，宜将该建筑划分为长径比小于等于 3 的多个计算段，各计算段中公共截面不得作为泄压面积：

$$A = 10CV^{2/3} \tag{3-3}$$

式中　A——泄压面积，m^2；

　　　V——厂房的容积，m^3；

　　　C——厂房容积为 $1\ 000\ m^3$ 时的泄压比，可按表4-4选取。

表 4-4　厂房内爆炸性危险物质的类别与泄压比

厂房内爆炸性危险物质的类别	$C/(m^2/m^3)$
氨以及粮食、纸、皮革、铅、铬、铜等 $K_{尘} > 10\ MPa \cdot m \cdot s^{-1}$ 的粉尘	≥0.030
木屑、炭屑、煤粉、锑、锡等 $10\ MPa \cdot m \cdot s^{-1} \leqslant K_{尘} \leqslant 30\ MPa \cdot m \cdot s^{-1}$	≥0.055
丙酮、汽油、甲醇、液化石油气、甲烷、喷漆间或干燥室以及苯酚树脂、铝、镁、锆等 $K_{尘} > 30\ MPa \cdot m \cdot s^{-1}$	≥0.110
乙烯	≥0.16
乙炔	≥0.20
氢	≥0.25

注：长径比为建筑平面几何外形尺寸中的最长尺寸与其截面周长的积和4.0倍的该建筑横截面积之比。

3. 防爆墙

防爆墙必须具有抵御爆炸冲击波的作用，同时具有一定的耐火性能。防爆墙上不得设置通风孔，不宜开门窗洞口，必须开设时，应加装防爆门窗。

4. 防爆门

防爆门是为抵抗工业建筑外面装置偶然发生的爆炸，保障人员生命安全和工业建筑内部设备完好，不受爆炸冲击波危害并有效地阻止爆炸危害延续的一种抗爆防护设备。

5. 防爆窗

为抵抗工业、化工、及兵工企业、军队等建筑装置偶然或容易发生的爆炸，保障人员生命安全和建筑内部设备完好，不受爆炸冲击波危害。

（1）在发生爆炸情况下，按照预告设定的爆炸入射压力与反射力。抗爆门能够抵挡该种范围内的爆破压力，而达到必要的保护作用，防止造成人员伤亡和财产损失。

（2）在发生爆炸情况后，没有达到预先设定的爆炸力，抗爆门仍然能够正常使用。

（3）当发生爆炸情况后，爆炸力达到预先设定，可以发生变形，但门的组件仍可维持使用，以避免人员被截留、阻困。

（4）必要的密闭隔离功能，防止被隔离空间和外界空气直接对流，以减少被隔断、受保护的空间受到外界的污染。

（5）防爆窗是一种安全设施，具有自闭功能和紧急逃生功能。

【能力提升训练】

某厂房，主要是生产乙烯，该建筑物长宽高分别为 30 m×10 m×4 m，（其中南侧长 30 m，西侧长 10 m，高 4 m），在该建筑的东侧为厂区主要通行道路，西侧为附近建设的员工宿舍，南侧临河建造，北侧梁柱比较集中，因此只有南侧和屋顶可以安全泄压，查表得泄压比 $C = 0.200$。

请根据以上描述计算本建筑物的泄压面积。

【归纳总结提高】

一、选择题

1. 为了减少爆炸损失，作为泄压设施的轻质屋面板的单位面积质量不宜超过(　　)kg/m²。

A. 30　　　　　　　B. 60　　　　　　　C. 100　　　　　　　D. 120

2. 关于建筑防爆的基本措施中，不属于减轻性技术措施的是 (　　)。

A. 设置防爆墙　　　　　　　B. 设置泄压面积

C. 采用不发火花的地面　　　D. 采用合理的平面布置

3. 有爆炸危险的厂房平面布置最好采用矩形，与主导风向应垂直或夹角不小于 (　　)。

A. 30　　　　　　　B. 45　　　　　　　C. 60　　　　　　　D. 120

4. 有爆炸危险的甲乙类部位，宜设置在单层厂房靠外墙或多层厂房的 (　　) 靠外墙处

A. 底层　　　　　　B. 顶层　　　　　　C. 下一层　　　　　D. 上一层

5. 防止液体流散的其中一种做法是在仓库门洞处修筑慢坡，该慢坡高度一般不小于（　　）mm。

A. 50　　　　　　　B. 100　　　　　　C. 150　　　　　　D. 300

二、简答题

1. 中间仓库能否设置在厂房内？有什么要求？
2. 有爆炸危险的厂房在总平面布局时有哪些规定？

项目四　防爆安全装置及技术

【学习目标】

熟悉各类防爆装置及适用范围。

【知识储备】

为阻止火灾、爆炸的蔓延和扩展，减少其破坏作用，防爆泄压设施、阻火设备、抑爆装置、紧急切断装置、安全联锁装置等防火防爆安全装置是工艺设备不可缺少的部件或元件，火灾爆炸危险性大的化学反应设备应同时设置几种防火防爆安全装置，一般的设备可设置其中的一种或几种。

一、安全阀

安全阀的作用是为了防止设备和容器内压力过高而爆炸，包括防止物理性爆炸（如锅炉、蒸馏塔等的爆炸）和化学性爆炸（如乙炔发生器的乙炔受压分解爆炸等）。当容器和设备内的压力升高超过安全规定的限度时，安全阀即自动开启，泄出部分介质，降低压力至安全范围内再自动关闭，从而实现设备和容器内压力的自动控制，防止设备和容器的破裂爆炸。安全阀在泄出气体或蒸气时，产生动力声响，还可起到报警的作用。

1. 安全阀的分类与功能

安全阀按其结构和作用原理可分为重力式、杠杆式和弹簧式等。

（1）重力式安全阀。利用重锤的重力控制定压的安全阀被称为重力式安全阀。当阀前静压超过安全阀的定压时，阀瓣上升以泄放被保护系统的超压；当阀前压力降到安全阀的回座压力时，可自动关闭。如图 4-1（a）所示。

（2）杠杆式安全阀。利用重锤和杠杆对阀瓣施加压力，以平衡介质作用在阀瓣上的正常工作压力。以上两种具有结构简单，调整容易、正确，比较笨重，对振动敏感，回座压力较低的特点，适用在压力不高而温度较高的场合。如图 4-1（b）所示。

（3）弹簧安全阀。利用压缩弹簧的弹力施加于阀瓣，以平衡介质作用在阀瓣上的正常工作压力。通用式弹簧安全阀，为由弹簧作用的安全阀。其定压由弹簧控制，其动作特性受背压的影响。如图 4-1（c）所示。平衡式弹簧安全阀，为由弹簧作用的安全阀。其定压由弹簧控制，用活塞或波纹管减少背压对安全阀的动作性能的影响。如图 4-1（d）所示。具有结构紧凑，灵敏度高，对振动的敏感性差，开启滞后，弹力受高温影响的特点，适用在温度不高而压力较高的场合。

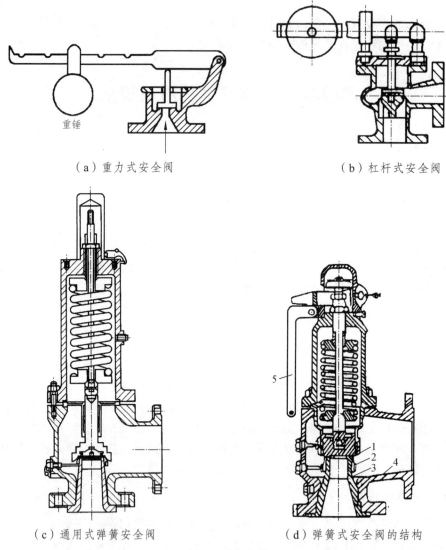

（a）重力式安全阀 　　　　　　　　　（b）杠杆式安全阀

（c）通用式弹簧安全阀 　　　　　　　（d）弹簧式安全阀的结构

图 4-1　安全阀

1—阀芯；2—调整环；3—阀座；4—阀体；5—提升手柄

安全阀按气体排放方式分为全封闭式、半封闭式和敞开式 3 种。

安全阀一般有两个功能：一是排放泄压，即受压容器内部压力超过正常时，安全阀自动开启，把器内介质排放出去，以降低压力，防止设备爆破；当压力降至正常值时，安全阀又自动关闭。二是报警，即当设备超压，安全阀开启向外排放介质时，产生气动声响，以示警告。安全阀的开启压力应调整为容器或设备工作压力的 1.05 ~ 1.10 倍，但不得超过容器或设备的设计压力。

2. 设置安全阀的注意事项

设置安全阀时应注意以下几点：

（1）新装的安全阀应有产品合格证，安装前应由安装单位继续复校后加铅封，并出具安全阀校验报告。

（2）当安全阀的入口处装有隔断阀时，隔断阀必须保持常开状态并加铅封。

（3）压力容器的安全阀最好直接装设在容器本体上。液化气体容器上的安全阀应安装于气相部分，防止排出液体物料，发生事故。

（4）如安全阀用于排泄可燃气体，直接排入大气，则必须引至远离明火或易燃物而且通风良好的地方，排放管必须逐段用导线接地以消除静电作用。如果可燃气体的温度高于它的自燃点，应考虑防火措施或将气体冷却后再排入大气。

（5）安全阀用于泄放可燃液体时，宜将排泄管接入事故储槽、污油罐或其他容器；用于泄放高温油气或易燃、可燃气体等遇空气可能立即着火的物质时，宜接入密闭系统的放空塔或事故储槽。

（6）一般安全阀可放空，但要考虑放空口的高度及方向的安全性。室内的设备，如蒸馏塔、可燃气体压缩机的安全阀、放空口宜引出房顶，并高于房顶 2 m 以上。

3. 安全阀的安装和维护

（1）直接垂直安装。安全阀与承压设备应直接垂直地装在设备的最高位置。安全阀与承压设备之间不得装设任何阀门或引出管，但介质易燃、有毒或黏性大时，为了便于更换、清洗安全阀，可以安装截止阀，正常运行时，截止阀须全开，并加铅封。

（2）保持畅通稳固。安全阀的进口和排放管应保持畅通。排放管原则上应一阀一根，要求直而短，避免曲折，并禁止在管上装设阀门。安全阀安装时要稳固可靠。

（3）防止腐蚀冻结。应在排放管底部装设泄液管，排除凝液或侵入的雨水，防止产生腐蚀和冬季结冰堵塞，安全阀和排放管要有防雨雪和尘埃侵入的措施。

（4）安全排放。根据介质的不同特性采取相应的安全排放措施。可燃液体设备的安全阀出口泄放管，应接入储罐或其他容器；泵的安全阀出口泄放管，宜接至泵的入口管道、塔或其他容器；可燃气体设备的安全阀出口泄放管，应接至火炬系统或其他安全泄放设施。

（5）注意维护保养。保持清洁，防止腐蚀和油污、脏物堵塞安全阀；经常检查铅封，发现泄漏及时调换或维修，严禁用加大载荷的办法来消除泄漏。安全阀每年至少要做一次定期检验。

二、爆破片

爆破片又称防爆膜、防爆片，是一种断裂型的安全泄压装置，当设备、容器及系统因某种原因压力超标时，爆破片即被破坏，使过高的压力泄放出来，以防止设备、容器及系统受到破坏。爆破片与安全阀的作用基本相同，但安全阀可根据压力自行开关，如因压力过高开启泄放后，待压力正常即自行关闭，可再次继续使用；而爆破片的使用则是一次性的如果被破坏，则需要重新安装。

1. 爆破片的特点

爆破片具有以下六种特点：

（1）适用于浆状、有黏性、腐蚀性工艺介质，这种情况下安全阀不起作用。

（2）惯性小，可对急剧升高的压力迅速做出反应。

（3）在发生火灾或其他意外时，在主泄压装置打开后，可用爆破片作为附加泄压装置。

（4）严密无泄漏，适用于盛装昂贵或有毒介质的压力容器。

（5）规格型号多，可用各种材料制造，适应性强。

（6）便于维护、更换。

如果压力容器的介质不洁净、易于结晶或聚合，这些杂质或结晶体有可能堵塞安全阀，使得阀门不能按规定的压力开启，失去了安全阀泄压作用，在这种情况下就只得用爆破片作为泄压装置。此外，对于工作介质为剧毒气体或可燃气体（蒸气）里含有剧毒气体的压力容器，其泄压装置也应采用爆破片而不宜用安全阀，以免污染环境。因为对于安全阀来说，微量的泄漏是难免的。

2. 爆破片的结构与分类

爆破片装置主要由爆破片与夹持器组成，爆破片是脆性材料的爆破元件，又称防爆膜，夹持器起固定爆破片的作用，防爆片的防爆效率取决于它的材质、厚度和泄压孔面积。正常生产时压力很小的设备系统，可采用石棉、塑料、玻璃或橡胶等材料制作防爆片；操作压力较高的设备系统，可采用铝、铜、碳钢、不锈钢制作。

按爆破片的断裂特征和形状，可分为拉伸正拱型、失稳反拱型、剪切平板型和弯曲平板型四种类型，见图 4-2。

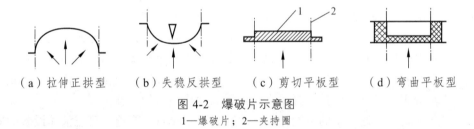

（a）拉伸正拱型　　（b）失稳反拱型　　（c）剪切平板型　　（d）弯曲平板型

图 4-2　爆破片示意图

1—爆破片；2—夹持圈

爆破片的防爆效率与它的厚度、泄压面积和膜片材料的选择有关。防爆片的厚度（δ）可按经验式计算，即

$$\delta = \frac{pD}{K} \tag{4-1}$$

式中　δ——防爆片厚度（mm）;

　　　　P——设计确定的爆破压力（Pa）;

　　　　D——防爆孔直径（mm）;

　　　　K——应力系数，根据不同材料选择（如铝在小于 100 ℃时，$K = 2.4 \times 10^3 \sim 2.8 \times 10^3$；铜在小于 200 ℃时，$K = 7.7 \times 10^3 \sim 8.8 \times 10^3$）。

防爆片的爆破压力一般按不超过操作压力 25%考虑。防爆泄压孔的面积一般按 0.035 ~

$0.08 \ \mathrm{m^2/m^3}$ 计算，但对含有氢和乙炔的设备系统则应大于 $0.4 \ \mathrm{m^2/m^3}$。

对室内设备，为防止防爆片爆破后，大量易燃易爆物料充入空间，扩大灾害，可在防爆片上的爆破孔上接装通向室外安全地点的导爆筒。在有腐蚀性物料的设备上安装防爆片，应在防爆片上涂一层聚四氯乙烯防腐剂。

设备和容器运行时，爆破片需长期承受工作压力、温度或腐蚀的影响，还要保证设备的气密性，而且遇到爆炸增压时必须立刻破裂。泄压膜材料要具备以下几种特性：

（1）要有一定的强度，以承受工作压力；

（2）有良好的耐热、耐腐蚀性；

（3）具有脆性，当受到爆炸波冲击时，易于破裂；

（4）厚度要尽可能地薄，但气密性要好。

正常工作时操作压力较低或没有压力的系统，可选用石棉、塑料、橡皮或玻璃等材质的爆破片；操作压力较高的系统可选用铝、铜等材质；微负压操作时可选用 2~3 mm 厚的橡胶板。应特别注意的是，由于钢、铁片破裂时可能产生火花，存有燃爆性气体的系统不宜选其作为爆破片。在存有腐蚀性介质的系统，为防止腐蚀，可以在爆破片上涂一层防腐剂。爆破片爆破压力的选定，一般为设备、容器及系统最高工作压力的 1.15~1.3 倍压力，波动幅度较大的系统，其比值还可增大。但是任何情况下，爆破片的爆破压力均应低于系统的设计压力。

爆破片一定要选用有生产许可证单位制造的合格产品，安装要可靠，表面不得有油污。运行中应经常检查法兰连接处有无泄漏；爆破片一般 6~12 个月更换一次。此外，如果在系统超压后未破裂的爆破片以及正常运行中有明显变形的爆破片应立即更换。

三、防爆球阀

防爆球阀是安装在加热炉（立式圆筒炉）燃烧室底部的一种防爆泄压装置。它由两个直径为 15~20 cm 的铸铁球和两根杠杆组成，安装在一个支点上，如图 4-3 所示。它由两个直径平时可作为点火孔或用于观察火孔或用于观察炉膛的燃烧状况。当燃烧发生爆炸时球 1 受压向下动作，球 2 同时上升，爆炸气体通过球阀泄放后，球 1 受球 2 重力作用而被顶回原位。根据燃烧室的大小，一般安装 4~7 个球阀，均匀地分布在燃烧室底部。

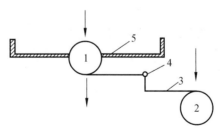

图 4-3　防爆球阀示意图

1，2—球；3—杠杆；4—支点；5—燃烧室

四、放空管

放空管是一种管式排放泄压安全装置（其结构示意图见图 4-4，实物见图 4-5）。放空管

分为两种：一是正常排气放空用，将生产过程中产生的一些废气及时排放；二是事故放空用，当反应物料发生剧烈反应，采取措施无效，不能防止反应设备超压、超温、暴聚、分解爆炸事故而设置的一种自动或手动的紧急放空装置。

放空管一般应安设在设备或容器的顶部，室内设备安设的放空管应引出室外，其管口要高于附近有人操作的最高设备 2 m 以上。此外，连续排放的放空管口，还应高出半径 20 m 范围内的平台或建筑物顶 3.5 m 以上；间歇排放的放空管口，应高 10 m 范围内的平台或建筑物顶 3.5 m 以上。对经常排放有着火爆炸危险的气态物质的放空管，管口附近宜设置阻火器。当放空气体流速较大时，放空管应有良好的静电接地设施。放空管口应处在防雷保护范围内。

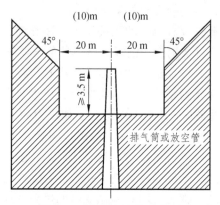

图 4-4　放空管结构示意图

图 4-5　放空管实物图

五、紧急切断阀

紧急切断阀是当发生火灾爆炸事故时，为防止可燃气体、易燃液体大量泄漏，在容器的气相管和液相管（含槽车）出口位置设置的一种紧急切断装置。紧急切断阀有油压式、气压式和电动式等（几种常见的紧急切断阀及结构见图 4-6）。

紧急切断阀的工作过程：油压紧急切断阀是在正常工作时，用油泵将高压油管送入切断阀上部的油孔，并进入油缸中，高压油在油缸中克服弹簧力，推动带着阀瓣的缸体移动，使阀瓣从活塞杆的固定阀座离开、阀门开启，液体介质就可通过紧急切断阀。当发生事故时，通过油压泄放，导致阀瓣在弹簧力的作用下移动，而紧紧地压在阀座上，阻止液体通过，起到紧急切断的作用。气压紧急切断阀是将压缩空气压入切断阀，使阀开启，发生事故时放掉压缩空气，切断阀即关闭。电动紧急切断阀，当通电时，电磁阀产生吸力使阀门开启，断电时阀门即关闭。

紧急切断阀的使用：切断阀要求动作灵活，性能可靠，便于检修；切断阀应在 10 s 内确实能闭合；为使紧急切断阀能在发生火灾时自动关闭，在阀的高压油管系统上应设置易熔合金塞，当火灾发生时，周围温度升高，易熔金属熔化，油缸中的油自动泄出，油压降低则紧急切断阀关闭，易熔塞的易熔合金熔融温度较低，多为 70 ± 5 ℃；紧急切断阀不得当阀门使用。

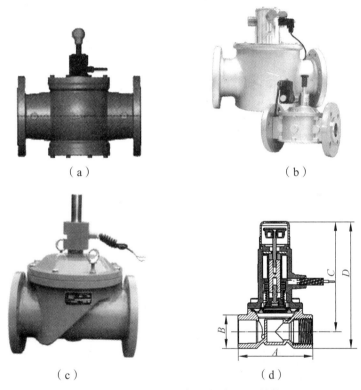

（a）　　　　　　　　　　　　　　　　（b）

（c）　　　　　　　　　　　　　　　　（d）

图 4-6　几种常用的紧急切断阀及结构

六、信号报警装置

在生产过程中，安装信号报警装置，过程发生失常时发出警告，以便及时采取措施消除故障。报警装置与测量仪表连接，用声、光或颜色示警。例如在硝化反应中，硝化器的冷却水为负压，为防止器壁泄漏造成事故，在冷却水排出口装有带铃的导电性测量仪，若设备泄漏，水内必混有酸，电导率提高，铃响示警。

七、泄爆门

泄爆门又称防爆门、泄爆窗，是爆炸时能够掀开泄压，保护设备完整的防爆安全装置。其构造如图 4-7 所示。

泄爆门通常安装在燃油、燃气和燃煤粉的加热炉燃烧室外壁上，以防止燃烧室或加热炉发生爆炸或爆炸时设备遭到破坏。防爆门一般安装在燃烧室（炉）墙壁的四周，容积较大的燃烧室可安装数个防爆门，泄爆门的总面积一般按燃烧室内部净容积不少于 250 cm^2/m^3 来计算。为了防止燃烧气体喷出伤人或掀开的盖子伤人，泄爆门（窗）应设置在人们不常到的地方，高度不应低于 2 m，防爆门的门盖与门座的接触面宽度一般为 3 ~ 5 m，并应定期检修、试动，保证严密不漏，并且防锈死、失效。

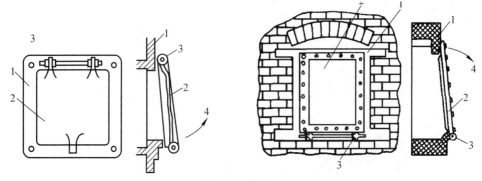

图 4-7 泄爆门

1—泄爆门（窗）框；2—泄爆门；3—转轴；4—泄爆门动作方向

八、单向阀

单向阀又称止逆阀、止回阀，是用来防止有压流体在管道中倒流的一种自动阀门。

工业上常用的单向阀有升降式、摇板式和球式等几种。其结构如图 4-8 单向阀的类型示意图所示。单向阀的作用是仅允许流体沿一个方向流动，遇有回流时即自动关闭，借以防止高压窜入低压引起管道、容器及设备破裂；在可燃气体管线上，也可作为防止回火的安全装置。

止回阀通常设置在与可燃气体、可燃液体管道及设备相连的辅助管线上；压缩机与油泵的出口管线上；高压与低压相连接的低压系统上。其作用是仅允许流体向一个方向流动，有回流时即自动关闭通路，借以防止高压窜入低压引起管道、设备的爆裂。在可燃气体、燃液体管线上，止回阀也可以起到防止回火的作用。

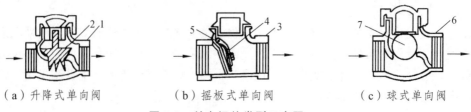

（a）升降式单向阀　　　　（b）摇板式单向阀　　　　（c）球式单向阀

图 3-9 单向阀的类型示意图

1—体壳；2—升降阀；3—壳体；4—摇板；5—摇板支点；6—壳体；7—球阀

九、过流阀

过流阀也称快速阀，一般安装在液化石油气储罐的液相管和气相管出口或汽车铁路槽车的气、液相出口上。

过流阀分弹簧式和浮桶式两种，其中弹簧式过流阀较常用。

弹簧式过流阀在正常工作情况下，管道中通过规定范围内的流量时，阀是开启的，此时设备内的流体从过流阀通过。当发生事故时，如出现管道和附属设备断裂，以及填料脱落等情况，使管道和容器内介质大量泄出，其出口流速便超正常流速，当达到规定流量范围的 1.5 ~ 2.0 倍时，作用在瓣上的力大于正常状态下弹簧的反作用力，阀瓣压缩弹簧使阀口关闭，从而防止设备、容器内液体大量流出。当事故排除后，液体物料从均压孔慢慢流过，经一段时间后，使阀瓣前后的压力；接近，阀瓣便在弹簧作用下，恢复到原来正常的开启状态的位置，设备内介质又可经阀口流过。

浮桶式过流阀在阀体内设有浮筒，浮筒边上设有三个控制筒移动的导架，用浮筒的自重来调节阀门的开关。当流量超过规定值时流速增加，浮筒升起并压紧底座，使液体不能流出。在浮筒底部设有槽沟，当过流阀关闭后，用它来平衡前后的压力。这种过流阀仅用于自下而上的流动液体。

当储罐内的压力和过流阀后管道内的压力相差过大时，或当过快地打开过流阀后面的其他阀门时，也能使过流阀关闭，因此，操作时应注意。

十、安全连锁装置

安全连锁装置是利用机械或电气控制接通各个仪器和设备，使之彼此发生联系，达到安全运行的目的。常见的连锁装置通常用于：多个部件、设备、机器交替操作、需要同时或依次排放两种液体或气体时；反应终止需要惰性气体保护时或需要先解除压力后降温时；某危险区域或部位禁止人员入内时。例如某些需要经常打开孔盖的带压反应容器，在开盖之前必须卸压。频繁的操作容易疏忽出现差错，如果把卸掉罐内压力和打开孔盖连锁起来，就可以安全无误。

【能力提升训练】

请你通过本节所学知识或参考相关资料，查找本节所学的防爆设备运用在哪些工业场所中？

【归纳总结提高】

1. 爆炸反应必备的三个最基本的条件是（　　　）、（　　　）、（　　　）。
2. 安全阀按作用原理有（　　　）、（　　　）和（　　　）三种类型。
3. 安全阀的两个功能是（　　　）和（　　　）。

4. 爆炸反应的实质就是瞬间的剧烈燃烧反应,因而爆炸需要外界供给助燃剂(空气或氧气)。(   )。

5. 爆破片在使用过程中一般每两年更换一次。(   )。

6. 当反应物料发生剧烈反应,反应设备压力升高,采取其他措施无效时,可采用事故放空管泄压。(   )。

课题五　电气防火防爆

项目一　电气线路的防火防爆

【学习目标】

了解电气线路的基本概念；了解电线电缆选择的一般要求；掌握电线电缆导体材料、绝缘材料及护套、截面面积的选择方法；掌握电气线路常用的防火防爆保护措施。

【知识储备】

电气线路是用于传输电能、传递信息和宏观电磁能量转换的载体，其特点是距离长、分支多，且经常会接触可燃物质，所以电气线路在预防电气火灾或爆炸事故中需要重点考虑。电气线路火灾或爆炸事故的点火源除了外部火源，主要是由于自身在运行过程中出现短路、过载、接触电阻过大以及漏电等故障产生的电弧、电火花或电线、电缆过热。根据对电气线路火灾或爆炸事故原因的统计分析，电气线路的防火防爆措施主要应从电线电缆的选择、线路的敷设及连接、在线路上采取保护措施等方面入手。

一、电线电缆的选择

1. 电线电缆选择的一般要求

根据使用场所的潮湿、化学腐蚀、高温等环境因素及额定电压要求，选择适宜的电线电缆。同时根据系统的载荷情况，合理地选择导线截面面积，在经计算所需导线截面面积基础上留出适当增加负荷的裕量。

2. 电线电缆导体材料的选择

固定敷设的供电线路宜选用铜芯线缆。

重要电源、重要的操作回路及二次回路、电动机的励磁回路等需要确保长期运行在连接可靠条件下的回路；移动设备的线路及振动场所的线路；对铝有腐蚀的环境；高温环境、潮湿环境、爆炸及火灾危险环境；工业及市政工程等场所不宜选用铝芯线缆。

非熟练人员容易接触的线路，如公共建筑与居住建筑，线芯截面面积为 6 mm^2 及以下的线缆不宜选用铝芯线缆。

对铜有腐蚀而对铝腐蚀相对较轻的环境、氨压缩机房等场所应选用铝芯线缆。

3. 电线电缆绝缘材料及护套的选择

（1）普通电线电缆。

普通聚氯乙烯电线电缆的适用温度范围为 $-15 \sim 60 \, ^\circ\text{C}$，使用场所的环境温度超出该范围时，应采用特种聚氯乙烯电线电缆；普通聚氯乙烯电线电缆在燃烧时会散发有毒烟气，不适用于地下客运设施、地下商业区、高层建筑和重要公共设施等人员密集场所。

交联聚氯乙烯（XLPE）电线电缆不具备阻燃性能，但燃烧时不会产生大量有毒烟气，适用于有"清洁"要求的工业与民用建筑。

橡胶电线电缆的弯曲性能较好，能够在严寒气候下敷设，适用于水平高差大和垂直敷设的场所；橡胶电线电缆适用于移动式电气设备的供电线路。

（2）阻燃电线电缆。

阻燃电缆是指在规定试验条件下被燃烧，能使火焰蔓延仅在限定范围内，撤去火源后，残焰和残灼能在限定时间内自行熄灭的电缆。

阻燃电缆的性能主要用氧指数和发烟性两个指标来评定。由于空气中氧气占 21%，因此氧指数超过 21 的材料在空气中会自熄。材料的氧指数越高，表示它的阻燃性越好。

阻燃电缆按燃烧时的烟气特性可分为一般阻燃电缆、低烟低卤阻燃电缆和无卤阻燃电缆 3 大类。电线电缆成束敷设时，应采用阻燃型电线电缆。当电缆在桥架内敷设时，应考虑在将来增加电缆时，也能符合阻燃等级，宜按近期敷设电缆的非金属材料体积预留 20% 裕量。电线在槽盒内敷设时，也宜按此原则来选择阻燃等级。在同一通道中敷设的电缆应选用同一阻燃等级的电缆。阻燃和非阻燃电缆也不宜在同一通道内敷设。非同一设备的电力与控制电缆若在同一通道时，宜互相隔离。

直埋地电缆、直埋入建筑孔洞或砌体的电缆及穿管敷设的电线电缆，可选用普通型电线电缆。敷设在有盖槽盒、有盖板的电缆沟中的电缆若已采取封堵、阻水、隔离等防止延燃的措施，可降低一级阻燃要求。

（3）耐火电线电缆。

耐火电线电缆是指规定试验条件下，在火焰中被燃烧一定时间内能保持正常运行特性的电缆。

耐火电缆按绝缘材质可分为有机型和无机型两种。有机型主要是采用耐 800 ℃ 高温的云母带以 50% 的重叠搭盖率包覆两层作为耐火层；外部采用聚氯乙烯或交联聚乙烯为绝缘，若同时要求阻燃，只要绝缘材料选用阻燃型材料即可。有机型耐火电线电缆加入隔氧层后，可以耐受 950 ℃ 高温。无机型是矿物绝缘电缆，它是采用氧化镁作为绝缘材料、铜管作为护套的电缆，国际上称为 MI 电缆。

耐火电线电缆主要适用于在火灾时仍需要保持正常运行的线路，如工业及民用建筑的消防系统、应急照明系统、救生系统、报警及重要的监测回路等。

耐火等级应根据火灾时可能达到的火焰温度确定。火灾时，由于环境温度剧烈升高，导致线芯电阻的增大，当火焰温度为 800 ~ 1 000 ℃ 时，导体电阻增大 3 ~ 4 倍，此时仍应保证系统正常工作，需按此条件校验电压损失。耐火电缆亦应考虑自身在火灾时的机械强度，因此，明敷的耐火电缆截面面积应不小于 2.5 mm^2。应区分耐高温电缆与耐火电缆，前者只适用于调温环境。一般有机类的耐火电缆本身并不阻燃。若既需要耐火又要满足阻燃，应采用阻燃耐火型电缆或矿物绝缘电缆。普通电缆及阻燃电缆敷设在耐火电缆槽盒内，并不一定满足耐火的要求，设计选用时必须注意这一点。

4. 电线电缆截面面积的选择

电线电缆截面面积的选型原则应符合下列规定。

（1）通过负载电流时，线芯温度不超过电线电缆绝缘所允许的长期工作温度。

（2）通过短路电流时，不超过所允许的短路强度，高压电缆要校验热稳定性，母线要校验动、热稳定性。

（3）电压损失在允许范围内。

（4）满足机械强度的要求。

（5）低压电线电缆应符合负载保护的要求，TNT 系统中还应保证在接地故障时保护电器能断开电路。

二、电气线路的保护措施

为有效预防由于电气线路故障引发的火灾或爆炸事故，除了合理地进行电线电缆的选型，还应根据现场的实际情况合理选择线路的敷设方式，并严格按照有关规定规范线路的敷设及连接环节保证线路的施工质量。此外，低压配电线路还应按照《低压配电设计规范》（GB 50054—2011）及《剩余电流动作保护装置安装和运行》（GB 13955—2017）等相关标准要求设置短路保护、过载保护和接地故障保护。

1. 短路保护

短路保护装置应保证在短路电流在导体和连接件中产生的热效应和机械力造成危害之前分断该短路电流；分断能力不应小于保护电气安装的预期短路电流，但在上级已装有所需分断能力的保护电气时，下级保护电路的分断能力允许小于预期短路电流，此时该上、下级保护电器的特性必须配合，使得通过下级保护电器的能量不超过其能够承受的能量。应在短路电流使导体达到允许的极限温度之前分断该短路电流。

2. 过载保护

保护电器应在过载电流引起的导体升温对导体的绝缘、接头、端子或导体周围的物质造成损害之前分断过载电流。对于突然断电比过载造成的损失更大的线路，如消防水泵之类的负荷，其过载保护应作为报警信号，不应作为直接切断电路的触发信号。

过载保护电器的动作特性应同时满足以下两个条件：

（1）线路计算电流小于或等于熔断器熔体的额定电流，后者应小于或等于导体允许持续载流量。

（2）保证保护电器可靠动作的电流小于或等于 1.45 倍熔断器熔体额定电流。

需要注意的是，当保护电器为断路器时，保证保护电器可靠动作的电流为约定时间内的约定动作电流；当保护电器为熔断器时，保证保护电器可靠动作的电流为约定时间内的熔断电流。

3. 接地故障保护

当发生带电导体与外露可导电部分、装置外可导电部分、PE 线、PEN 线、大地等之间的接地故障时，保护电器必须切断该故障电路。接地故障保护电器的选择应根据配电系统的接地形式、电气设备使用特点及导体截面面积等确定。

TN 系统的接地保护方式具体有以下几种：

（1）当灵敏性符合要求时，采用短路保护兼作接地故障保护。

（2）零序电流保护模式适用于 TN-C、TN-C-S、TN-S 系统，不适用于谐波电流大的配电系统。

（3）剩余电流保护模式适用于 TN-S 系统，不适用于 TN-C 系统。

【能力提升训练】

某企业车间配电箱处电气线路由于过载发生着火（见图 5-1），请根据所学知识，分析电气线路过载的危险后果，并提出有效的电气线路过载保护措施。

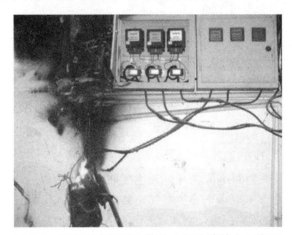

图 5-1　某企业车间配电箱处电气线路着火示意图

【归纳总结提高】

1. 阻燃电缆的性能主要用（　　　）和（　　　）两个指标来评定。

2. 阻燃电缆按燃烧时的烟气特性可分为（　　　）、（　　　）和（　　　）3 大类。

3. 低压配电线路还应按照《低压配电设计规范》（GB 50054—2011）及《剩余电流保护装置安装和运行》（GB 13955—2017）等相关标准要求设置（　　　）、（　　　）、（　　　）和（　　　）。

4. 下列哪些场合不宜选用铝芯线缆。（　　　）

① 重要电源、重要的操作回路及二次回路、电动机的励磁回路等需要确保长期运行在连接可靠条件下的回路。

② 移动设备的线路及振动场所的线路。

③ 对铝有腐蚀的环境。

④ 高温环境、潮湿环境、爆炸及火灾危险环境。

⑤ 工业及市政工程等场所不宜选用铝芯线缆。

⑥ 对铜有腐蚀而对铝腐蚀相对较轻的环境。

A. ②③④⑤⑥　　B. ①②③④⑤　　C. ①②④⑤⑥　　D. ①②③④⑤⑥

5. 耐火电缆亦应考虑自身在火灾时的机械强度，因此，明敷的耐火电缆截面面积应不小于（　　）。

A. 1.5 mm^2　　　　B. 1.0 mm^2　　　　C. 2.5 mm^2　　　　D. 3.5 mm^2

6. 在火灾爆炸危险性较大的环境中，电线电缆的选择应从哪四个方面考虑？

7. 电气线路防火防爆措施中，电线电缆截面面积的选型原则应符合哪些规定？

8. TN 系统的接地保护方式具有包括哪些？

项目二　常用电气设备的防火技术

【学习目标】

了解常用电气设备的种类；掌握照明灯具的火灾防护措施；掌握电气装置：开关、熔断器、继电器、接触器、启动器、剩余电流保护装置和低压配电柜的火灾防护措施；了解电动机的火灾危险性，掌握电动机的火灾防护措施。

【知识储备】

根据近几年的火灾统计，电气火灾年均发生次数占火灾年均总发生次数的 27%，居各火灾原因的首位。而电气火灾原因中，由于用电设备故障或使用不当导致的火灾占相当一部分比例。

一、照明灯具防火

电气照明是现代照明的主要方式，电气照明往往伴随着大量的热和高温，如果安装或使用不当，极易引发火灾事故。常用的照明灯具有：白炽灯、荧光灯、高压汞灯、高压钠灯、卤钨灯和霓虹灯。照明灯具的防火主要应从灯具选型、安装、使用上采取相应的措施。

1. 电气照明灯具的选型

灯具的选型应符合国家现行相关标准的有关规定，既要满足使用功能和照明质量的要求，又要满足防火安全的要求。

（1）火灾危险场所应选用闭合型、封闭型、密闭型灯具，灯具的选型见表 5-1。

火灾危险环境根据火灾事故发生的可能性和后果、危险程度和物质状态的不同，分为下列 3 类区域。

A 区：具有闪点高于环境温度的可燃液体，且其数量和配置能引起火灾危险的环境（H-1 级场所）。

B 区：具有悬浮状、堆积状的可燃粉尘或可燃纤维，虽不能形成爆炸混合物，但在数量和配置上能引起火灾危险的环境（H-2 级场所）。

C 区：具有固体状可燃物质，其数量和配置上能引起火灾危险的环境（H-3 级场所）。

表 5-1　火灾危险场所照明装置的选型

照明装置		火灾危险区域		
		A 区	B 区	C 区
照明灯具	固定安装	封闭型	密闭型	开启型
照明灯具	移动式、便携式	密闭型	密闭型	封闭型
配电装置		密闭型	密闭型	
接线盒		密闭型	密闭型	—

（2）爆炸危险环境应选用防爆型、隔爆型灯具，灯具的选型见表 5-2。

表 5-2　爆炸危险环境照明装置的选型

等级场所		有可燃气体、液体的场所			有可燃粉尘、纤维的场所	
选型电气设备及其使用条件		连续出现或长期出现气体混合物的场所	在正常运行时可能出现爆炸性气体混合物的场所	在正常运行时不可能出现或即使出现也仅是短时存在的爆炸性气体混合物的场所	连续出现或长期出现爆炸性粉尘混合物的场所	有时会将积留下的粉尘扬起而出现爆炸性粉尘混合物的场所
照明灯具	固定安装 移动式	防爆型、防爆通风充气型	任意一种防爆类型	密闭型	任意一级隔爆类型	
照明灯具	携带式	隔爆型	隔爆型	隔爆型、防爆安全型	任意一级隔爆类型	
配电装置		防爆型、防爆通风充气型	任意一种防爆类型		任意一级隔爆类型、防爆通风充气型	

（3）有腐蚀性气体及特别潮湿的场所，应采用密闭型灯具，灯具的各种部件还应进行防腐处理。

（4）潮湿的厂房内和户外可采用封闭型灯具，亦可采用有防水灯座的开启型灯具。

（5）可能直接受外来机械损伤的场所以及移动式和携带式灯具，应采用有保护网（罩）的灯具。

（6）振动场所（如有锻锤、空压机、桥式起重机等）的灯具应具有防振措施（如采用吊链等软性连接）。

（7）有火灾危险和爆炸危险场所的电气照明开关、接线盒、配电盘等，其防护等级也不应低于表 5-1 及表 5-2 的要求。

（8）人防工程内的潮湿场所应采用防潮型灯具；柴油发电机房的储油间、蓄电池室等房间应采用密闭型灯具；可燃物品库房不应设置卤钨灯等高温照明灯具。

2. 照明灯具的设置要求

（1）在连续出现或长期出现气体混合物的场所和连续出现或长期出现爆炸性粉尘混合物的场所选用定型照明灯具有困难时，可将开启型照明灯具做成嵌墙式壁龛灯，检修门应向墙外开启，并保证通风良好；向室外照射的一面应有双层玻璃严密封闭，其中至少有一层必须是高强度玻璃，安装位置不应设在门、窗及排风口的正上方，距门框、窗框的水平距离应不小于 3 m，距排风口水平距离应不小于 5 m。

（2）照明与动力合用一电源时，应有各自的分支回路，所有照明线路均应有短路保护装置。配电盘盘后接线要尽量减少接头，接头应采用锡钎焊焊接并应用绝缘布包好，金属盘面还应有良好接地。

（3）照明电压一般采用 220 V；携带式照明灯具（俗称行灯）的供电电压不应超过 36 V；如在金属容器内及特别潮湿场所内作业，行灯电压不得超过 12 V。36 V 以下照明供电变压器严禁使用自耦变压器。

（4）36 V 以下和 220 V 以上的电源插座应有明显区别，低压插头应无法插入较高电压的插座内。

（5）每一照明单相分支回路的电流不宜超过 16 A，所接光源数不宜超过 25 个；连接建筑组合灯具时，回路电流不宜超过 25 A，光源数不宜过超过 60 个；连接高强度气体放电灯的单相分支回路的电流不应超过 30 A。

（6）插座不宜和照明灯接在同一分支回路上。

（7）各种零件必须符合电压、电流等级，不得过电压、过电流使用。

（8）明装吸顶灯具采用木质底台时，应在灯具与底台中间铺垫石板或石棉布。附带镇流器的各式荧光吸顶灯，应在灯具与可燃材料之间加垫瓷夹板隔热，禁止直接安装在可燃吊顶上。

（9）可燃吊顶上所有暗装、明装灯具、舞台暗装彩灯、舞池脚灯的电源导线，均应穿钢管敷设。

（10）舞台暗装彩灯泡、舞池脚灯彩灯灯泡的功率均宜在 40 W 以下，最大不应超过 60 W。彩灯之间导线应焊接，所有导线不应与可燃材料直接接触。

（11）各种零件必须符合电压、电流等级，不得过电压、过电流使用。

二、电气装置防火

电气装置是指相关电气设备的组合，具有为实现特定目的所需的相互协调的特性。

1. 开关防火

开关应设在开关箱内，开关箱应加盖。木质开关箱的内表面应覆以白铁皮，以防起火时蔓延。开关箱应设在干燥处，不应安装在易燃、受振、潮湿、高温、多尘的场所。开关的额定电流和额定电压均应和实际使用情况相适应。降低接触电阻防止发热过度。潮湿场所应选用拉线开关。有化学腐蚀、火灾危险和爆炸危险的房间，应把开关安装在室外或合适的地方，否则应采用相应形式的开关，例如在有爆炸危险的场所采用隔爆型、防爆充油的防爆开关。

在中性点接地的系统中，单极开关必须接在相线上，否则开关虽断，电气设备仍然带电，一旦相线接地，有发生接地短路引起火灾的危险。库房内的电气线路，更要注意。

对于多极刀开关，应保证各级动作的同步性且接触良好，避免引起多相电动机因断相运行而损坏的事故。

2. 熔断器防火

选用熔断器的熔丝时，熔丝的额定电流应与被保护的设备相适应，且不应大于熔断器、电度表等的额定电流。一般应在电源进线，线路分支和导线截面面积改变的地方安装熔断器，尽量使每段线路都能得到可靠的保护。为避免熔体爆断时引起周围可燃物燃烧，熔断器宜装在具有火灾危险厂房的外边，否则应加密封外壳，并远离可燃建筑物件。

3. 继电器防火

继电器在选用时，除线圈电压、电流应满足要求外，还应考虑被控对象的延误时间、脱扣电流倍数、触点个数等因素。继电器要安装在少振、少尘、干燥的场所，现场严禁有易燃、易爆物品存在。

4. 接触器防火

接触器技术参数应符合实际使用要求，接触器一般应安装在干燥、少尘的控制箱内，其灭弧装置不能随意拆开，以免损坏。

5. 启动器防火

启动器起火，主要是由于分断电路时接触部位的电弧飞溅，以及接触部位的接触电阻过大而产生的高温烧毁开关设备并引燃可燃物，因此启动器附近严禁有易燃、易爆物品存在。

6. 剩余电流保护装置防火

剩余电流保护装置的火灾危险在于发生漏电事故后没有及时动作、不能迅速切断电源而引起的人身伤亡事故、设备损坏，甚至火灾。应按使用要求及规定位置进行选择和安装，以免影响动作性能；在安装带有短路保护的剩余电流保护装置时，必须保证在电弧喷出方向有足够的飞弧距离。应注意剩余电流保护装置的工作条件，在高温、低温、高湿、多尘以及有腐蚀性气体的环境中使用时，应采取必要的辅助保护措施。接线时应注意分清负载侧与电源侧，应按规定接线，切忌接反。注意分清主电路与辅助电路的接线端子，不能接错。注意区分中性线和保护线。

7. 低压配电柜防火

配电柜应固定安装在干燥清洁的地方，以便于操作和确保安全。配电柜上的电气设备应根据电压等级、负荷容量、用电场所和防火要求等进行设计或选定。配电柜中的配线应采用绝缘导线和合适的截面面积。配电柜的金属支架和电气设备的金属外壳，必须进行保护接地或接零。

三、电动机防火

如果电动机选型不合理、本身质量差或使用维护不当等，就可能造成铁心、绕组等部件发热而引发火灾，如图 5-2 所示。

图 5-2　因绝缘损坏烧毁的电动机

1. 电动机的火灾危险性

电动机的具体火灾原因有以下几个方面。

（1）过载。

当电动机所带机械负载超过额定负载或者电源电压过低时，会造成绕组电流增加，绕组和铁心温度上升，严重时会引发火灾。

（2）断相运行。

处于运转中的三相异步电动机，如果因电源断相、接触不良、内部绕组断路等原因而造成断相，电动机虽然还能运转，但由于绕组电流会增大以致烧毁电动机也会引发火灾。

（3）接触不良。

电动机运转时如果电源线、电源引线、绕组等电气连接点处接触不良，就会造成接触电阻过大而发热或者产生电弧，严重时可引燃电动机内可燃物进而引发火灾。

（4）绝缘损坏。

由于长期过载使用、受潮湿环境或腐蚀性气体侵蚀、金属异物掉入机壳内、频繁启动、雷击或瞬间过电压等原因，造成电动机绕组绝缘损坏或绝缘能力降低，形成相间和匝间短路，因而引发火灾。

（5）机械摩擦。

当电动机轴承损坏时，摩擦增大，出现局部过热现象，润滑脂变稀溢出轴承，进一步加速轴承温度升高。当温度达到一定程度时，会引燃周围可燃物质引发火灾。轴承损坏严重时可造成定子、转子摩擦或者电动机轴被卡住，产生高温或绕组短路而引发火灾。

（6）选型不当。

应根据不同的使用场所选择不同类型的电动机，如果在易燃易爆场所使用了一般防护式电动机，则当电动机发生故障时，产生的高温或火花可引燃可燃或可爆炸物质，引发火灾或者爆炸。

（7）铁心消耗过大。

电动机运行时，定子和转子铁心内部、外壳产生涡流、磁滞等都会形成一定的损耗，这部分损耗称为铁损。如果电动机铁心的硅钢片由于质量、规格、绝缘强度等不符合要求，会使涡流损耗过大而造成铁心发热和绕组过载，严重时可引发火灾。

（8）接地不良。

当电动机绕组对发生短路时，如果接地保护不良，会导致电动机外壳带电，一方面可引起人身触电事故，另一方面致使机壳发热，严重时还会因引燃周围可燃物而引发火灾。

2. 电动机的火灾防护措施

（1）合理选择功率和形式。

合理选择电动机包括两方面的内容：一方面，应考虑传动过程中功率的损失和对电动机的实际功率需求，选择功率合适的电动机；另一方面，应根据使用环境、运行方式和生产工况等因素，特别是防潮、防腐、防尘、防爆等对电动机的要求，合理选择电动机的形式。

（2）合理选择启动方式。

三相异步电动机的启动方式包括直接启动、减压启动两种。其中，直接启动适用于功率较小的异步电动机；减压启动包括星-三角形启动、定子串电阻启动、自耦变压器启动、软启动器启动、变频器启动等，适用于各种功率的电动机。因此，在使用电动机时应根据电动机的形式、功率、电源等情况选择合适的启动方式。

（3）正确安装电动机。

电动机应安装在不燃材料制成的机座上，电动机机座的基础与建筑物或其他设备之间应留出距离不小于1 m的通道。电动机与墙壁之间，或成列装设的电动机一侧已有通道时，另一侧的净距离应不小于0.3 m。电动机与其他设备的裸露带电部分的距离应不小于1 m。

电动机及联动机械至开关的通道应保持畅通，急停按钮应设置在便于操作的地方，以便于紧急事故时的处置。电动机及电源线管均应有牢固的保护接地，电源线靠近电动机一端必须用金属软管或塑料套管保护，保护管与电源线之间必须用夹头扎牢并固定，另一端要与电动机进线盒牢固连接并做固定支点。

电动机附近严禁堆放可燃物，附近地面不应有油渍、油棉纱等易燃物。

（4）应设置符合要求的保护装置。

不同类型的电动机应采用相适合的保护装置。例如，中、小功率低压感应电动机的保护装置应具有短路保护、堵转保护、过载保护、断线保护、低压保护、漏电保护、绕组温度保护等功能。

（5）启动符合规范要求。

电动机启动前应按照规程进行试验和外观检查。所有试验应符合要求，机械及电动机部分应完好无异状。电动机的绝缘电阻应符合要求，380 V 及以下电动机的绝缘电阻不应小于 0.5 MΩ，6 kV 高压绝缘电阻应不小于 6 MΩ。电动机不允许频繁启动，冷态下启动次数不应超过 5 次，热态下启动次数不应超过 2 次。

（6）加强运行监视。

电动机在运行中应对电流、电压、温升、声音、振动、传动装置的状况等进行严格监视，当上述参数超出允许值或出现异常时，应立即停止运行，检查原因，排除故障。

（7）加强电动机的运行维护。

电动机在运行中应做好防雨、防潮、防尘和降温等工作，应保持轴承润滑良好；电动机周围应保持环境整洁。

【能力提升训练】

照明灯具造福于人类，但若使用不当，会给人们带来极大的危害。近年来我国电气火灾发生次数居各类火灾之首，而照明灯具发生火灾的次数与损失在电气火灾中列居第三。2003年 3 月 30 日，四川省通江县某旅馆发生的重大火灾事故，造成 9 人死亡、7 人受伤，直接经济损失近 47 万元，其火灾原因是由于当事人忘记关闭仓库里用作照明的白炽灯，长时间照明导致大量的热积聚，高温引燃了离照明灯很近的纸箱所致。

请你通过本节所学知识或参考相关资料，总结照明灯具在设置时应注意哪些方面？

【归纳总结提高】

1. 火灾危险环境根据火灾事故发生的可能性和后果、危险程度和物质状态的不同，分为下列 3 类区域，下面哪一类属于 A 区。（　　　　）

A. 具有闪点高于环境温度的可燃液体，且其数量和配置能引起火灾危险的环境。

B. 具有悬浮状、堆积状的可燃粉尘或可燃纤维，虽不能形成爆炸混合物，但在数量和配置上能引起火灾危险的环境。

C. 具有固体状可燃物质，其数量和配置上能引起火灾危险的环境。

D. 具有闪点高于环境温度的可燃液体，但其数量和配置不会引起火灾危险的环境。

2. 照明电压一般采用（　　　　）；携带式照明灯具（俗称行灯）的供电电压不应超过（　　　　）；如在金属容器内及特别潮湿场所内作业，行灯电压不得超过（　　　　）。

A. 320 V，36 V，12 V　　　　　　B. 220 V，48 V，12 V

C. 220 V，36 V，24 V　　　　　　D. 220 V，36 V，12 V

3. 电动机的绝缘电阻应符合要求，380 V 及以下电动机的绝缘电阻不应小于（　　　　），6 kV 高压绝缘电阻应不小于（　　　　）。电动机不允许频繁启动，冷态下启动次数不应超过（　　　　）次，热态下启动次数不应超过（　　　　）次。

4. 电气装置防火主要包括哪几个方面内容？

5. 简要叙述照明器具的防火主要从哪几方面采取相应措施。

6. 简述电动机的火灾危险性和火灾防护措施。

项目三 火灾爆炸危险场所电气设备的选用

【学习目标】

掌握爆炸性气体环境危险区域划分、爆炸性粉尘环境危险区域划分、火灾危险区域划分；了解防爆电气设备基础知识，掌握爆炸性环境下电气设备选择、火灾危险区城电气设备选择。

【知识储备】

众所周知，在火灾爆炸危险场所，若电气设备和线路产生电火花或危险温度，其爆炸性气体（蒸气）或爆炸性粉尘就可能会被点燃，引起火灾或爆炸事故。所以，火灾爆炸危险场所电气设备的合理选用对于预防火灾、爆炸事故是极其重要的。

一、火灾爆炸危险场所的区域分类

对不同火灾爆炸危险场所进行区域分类，目的是便于根据危险环境特点正确选用电气设备、电气线路及照明装置等的防护措施。根据易燃易爆物质的生产、储存、运输和使用过程中出现的物理与化学现象的不同，可将火灾爆炸危险场所的区域分为爆炸性气体环境危险区域、爆炸性粉尘环境危险区域和火灾危险区域。

1. 爆炸性气体环境危险区域划分

爆炸性气体环境是指在一定条件下，气体或蒸气可燃性物质与空气形成的混合物，该混合物被点燃后，能够保持燃烧自行传播的环境。根据爆炸性气体混合物出现的频繁程度和持续时间，危险区域可分为0区、1区、2区。

（1）0区。指正常运行时连续或长时间出现或短时间频繁出现爆炸性气体、蒸气或薄雾的区域。例如：油罐内部液面上部空间。

（2）1区。指正常运行时可能出现（预计周期性出现或偶然出现）爆炸性气体、蒸气或薄雾的区域。例如：油罐顶上呼吸阀附近。

（3）2区。指正常运行时不出现，即使出现也只可能是短时间偶然出现爆炸性气体蒸气或薄雾的区域。例如：油罐外3 m内。

2. 爆炸性粉尘环境危险区域划分

爆炸性粉尘环境是指在一定条件下，粉尘、纤维或飞絮的可燃性物质与空气形成的混合物被点燃后，能够保持燃烧自行传播的环境。根据粉尘、纤维或飞絮的可燃性物质与空气形成的混合物出现的频率和持续时间及粉尘层厚度进行分类，可将爆炸性粉尘环境分为20区、21区和22区。

（1）20区。在正常运行工程中，可燃性粉尘连续出现或经常出现其数量足以形成可燃性粉尘与空气混合物或可能形成无法控制和极厚的粉尘层的场所及容器内部。

（2）21区。在正常运行过程中，可能出现粉尘数量足以形成可燃性粉尘与空气混合物但未划入 20 区的场所。该区域包括与充入或排放粉尘点直接相邻的场所、出现粉尘层和正常操作情况下可能产生可燃浓度的可燃性粉尘与空气混合物的场所。

（3）22 区。在异常情况下，可燃性粉尘云偶尔出现并且只是短时间存在、或可燃性粉尘偶尔出现堆积或可能存在粉尘层并且产生可燃性粉尘空气混合物的场所。如果不能保证排除可燃性粉尘堆积或粉尘层时，则应划为 21 区。

3. 火灾危险区域划分

火灾危险区域根据火灾事故发生的可能性和后果、危险程度及物质状态，将其分为 21 区、22 区和 23 区。

（1）火灾危险 21 区。具有闪点高于环境温度的可燃液体，在数量和配置上能引起火灾危险的环境。

（2）火灾危险 22 区。具有悬浮状、堆积状的可燃粉尘或纤维，虽不可能形成爆炸混合物，但在数量和配置上能引起火灾危险的环境。

（3）火灾危险 23 区。具有固体状可燃物质，在数量和配置上能引起火灾危险的环境。

二、火灾爆炸危险场所电气设备的选用

在具有火灾爆炸危险的场所，正确选用电气设备对保证安全生产具有十分重要的作用，特别是对防爆电气设备的选择应当给予充分重视。

1. 爆炸性环境下电气设备选择

1）防爆电气设备

（1）防爆电气设备类型。

爆炸性环境用电气设备与爆炸危险物质的分类相对应，被分为Ⅰ类、Ⅱ类、Ⅲ类。

① Ⅰ类电气设备。用于煤矿瓦斯气体环境。

Ⅰ类防爆型式考虑了甲烷和煤粉的点燃及地下用设备的机械增强保护措施。

② Ⅱ类电气设备。用于煤矿甲烷以外的爆炸性气体环境。具体分为ⅡA、ⅡB、ⅡC 三类。ⅡB 类的设备可适用于ⅡA 类设备的使用条件，ⅡC 类的设备可用于ⅡA 或ⅡB 类设备的使用条件。

③ Ⅲ类电气设备。用于爆炸性粉尘环境。具体分为ⅢA、ⅢB、ⅢC 三类。ⅢB 类的设备可适用于ⅢA 设备的使用条件，ⅢC 类的设备可用于ⅢA 或ⅢB 类设备的使用条件。

（2）设备保护等级（EPL）。

引入设备保护等级（EPL）目的在于指出设备的固有点燃风险，区别爆炸性气体环境、爆炸性粉尘环境和煤矿有甲烷的爆炸性环境的差别。

用于煤矿有甲烷的爆炸性环境中的Ⅰ类设备 EPL 分为 Ma、Mb 两级。

用于爆炸性气体环境的Ⅱ类设备的 EPL 分为 Ga、Gb、Gc 三级。

用于爆炸性粉尘环境的Ⅲ类设备的 EPL 分为 Da、Db、Dc 三级。

其中，Ma、Ga、Da 级的设备具有"很高"的保护等级，该等级具有足够的安全程度，使设备在正常运行过程中、在预期的故障条件下或者在罕见的故障条件下不会成为点燃源。

对 Ma 级来说，甚至在气体突出时设备带电的情况下也不可能成为点燃源。

Mb、Gb、Db 级的设备具有"高"的保护等级，在正常运行过程中，在预期的故障条件下不会成为点燃源。对 Mb 级来说，在从气体突出到设备断电的时间范围内预期的故障条件下不可能成为点燃源。

Gc、Dc 级的设备具有爆炸性气体环境用设备。具有"加强"的保护等级，在正常运行过程中不会成为点燃源，也可采取附加保护，保证在点燃源有规律预期出现的情况下（例如灯具的故障），不会点燃。

（3）防爆电气设备防爆结构型式。

① 爆炸性气体环境防爆电气设备结构型式及符号。

用于爆炸性气体环境的防爆电气设备结构型式及符号分别是：隔爆型（d）、增安型（e）、本质安全型（i，对应不同的保护等级分为 ia、ib、ic）、浇封型（m，对应不同的保护等级分为 ma、mb、mc）、无火花型（nA）、火花保护（nC）、限制呼吸型（nR）、限能型（nL）、油浸型（o）、正压型（p，对应不同的保护等级分为 px、py、pz）、充砂型（q）等设备。各种防爆型式及符号的防爆电气设备有其各自对应的保护等级，供电气防爆设计时选用。Ⅰ类、Ⅱ类防爆电气设备结构型式与设备保护等级（EPL）对应关系见表 5-3。

表 5-3 Ⅰ类、Ⅱ类防爆电气设备结构型式与设备保护等级（EPL）对应关系

型式	d	e	ia	ib	ic	ma	mb	mc	nA	nC	nR	nL	o	px	py	pz	q
EPL	Gb 或 Mb	Gb 或 Mb	Ga 或 Ma	Gb 或 Mb	Gc	Ga 或 Ma	Gb 或 Mb	Gc	Gc	Gc	Gc	Gc	Gb	Gb 或 Mb	Gb	Gc	Gb 或 Mb

② 爆炸性粉尘环境防爆电气设备结构型式及符号

用于爆炸性粉尘环境的防爆电气设备结构型式及符号分别是：隔爆型（t，对应不同的保护等级分为 ta、tb、tc）、本质安全型（i，对应不同的保护等级分为 ia、ib、ic）、浇封型（m，对应不同的保护等级分为 ma、mb、mc）、正压型（p）等设备。Ⅲ类防爆电气设备结构型式与设备保护等级（EPL）对应关系见表 5-4。

5-4 Ⅲ类防爆电气设备结构型式与设备保护等级对（EPL）应关系

型式	ta	tb	tc	ia	ib	ic	ma	mb	mc	p
EPL	Da	Db	Dc	Da	Db	Dc	Da	Db	Dc	Db 或 Dc

（4）防爆电气设备的标志。

防爆电气设备的标志应设置在设备外部主体部分的明显地方，且应设置在设备安装之后能看到的位置。标志应包含：制造商的名称或注册商标、制造商规定的型号标识、产品编号或批号、颁发防爆合格证的检验机构名称或代码、防爆合格证号、Ex 标志、防爆结构型式符号、类别符号、表示温度组别的符号（对于Ⅱ类电气设备）或最高表面温度及单位 °C，前面加符号 T（对于Ⅲ类电气设备）、设备的保护等级（EPL）、防护等级（仅对于Ⅲ类，例如 IP54）。

（5）爆炸危险环境中电气设备的选用。

爆炸危险环境中电气设备的选用一般原则是：

① 应根据电气设备使用环境的区域、电气设备的种类、防护级别和使用条件等选择电气设备。

② 所选用的防爆电气设备的类别和组别不应低于该危险环境内爆炸性混合物的类别和组别。

Ⅱ类、Ⅲ类防爆电气设备的防护等级 EPL 与爆炸危险环境区域的对应关系见表 5-5。爆炸性气体环境电气设备选型典型例子见表 5-6。

表 5-5　Ⅱ类、Ⅲ类防爆电气设备的防护等级 EPL 与爆炸危险环境区域的对应关系

EPL	Ga	Gb	Gc	Da	Db	Dc
区域	0	1	2	20	21	22

5-6　爆炸性气体环境电气设备选型

类别		爆炸性气体环境危险区域											
		0 区	1 区					2 区					
		本质安全	本质安全	隔爆	正压	充油	增安	本质安全	隔爆	正压	充油	增安	无火花型
电气设备	鼠笼型感应电动机			○	○		△		○	○		○	○
	开关、断路器			○					○				
	熔断器			△					○				
	控制开关及按钮	○	○	○		○		○					
	操作箱、操作柜			○	○				○	○			
	固定式灯			○					○			○	
	移动式灯			△					○				

注：○表示不适用，△表示尽量避免采用。

2）防爆电气线路

在爆炸危险环境中，电气线路安装位置的选择、敷设方式的选择、导体材质的选择、连接方法的选择等均应根据环境的危险等级进行。

① 敷设位置。电气线路应当敷设在爆炸危险性较小或距离释放源较远的位置。

② 敷设方式。爆炸危险环境中电气线路主要采用防爆钢管配线和电缆配线，在敷设时的最小截面、接线盒、管子连接要求等方面应满足对应爆炸危险区域的防爆技术要求。

③ 隔离密封。敷设电气线路的沟道以及保护管、电缆或钢管在穿过爆炸危险环境等级不同的区域之间的隔墙或楼板时，应采用非燃性材料严密堵塞。

④ 导线材料选择。爆炸危险环境危险等级 1 区的范围内，配电线路应采用铜芯导线或电缆。在有剧烈振动处应选用多股铜芯软线或多股铜芯电缆。煤矿井下不得采用铝芯电力电缆。

爆炸危险环境危险等级 2 区的范围内，电力线路应采用截面积 4 mm² 及以上的铝芯导线或电缆，照明线路可采用截面积 2.5 mm² 及以上的铝芯导线或电缆。

⑤ 允许载流量。1 区、2 区绝缘导线截面和电缆截面的选择，导体允许载流量不应小于熔断器熔体额定电流和断路器长延时过电流脱扣器整定电流的 1.25 倍。引向低压笼型感应电动机支线的允许载流量不应小于电动机额定电流的 1.25 倍。

⑥电气线路的连接。1 区和 2 区的电气线路的中间接头必须在与该危险环境相适应的防爆型的接线盒或接头盒内部。1 区宜采用隔爆型接线盒，2 区可采用增安型接线盒。

2. 火灾危险区域电气设备选择

对于火灾危险区域，选用的电气设备应符合环境条件（化学、机械、热、霉菌和风沙）的要求，正常运行时有火花和外壳表面温度较高的电气设备应远离可燃物质，且不宜使用电热器具，必须使用时，应将其安装在非燃材料底板上。

应根据火灾危险区域的等级和使用条件，根据表 5-7 选择相应的电气设备形式。

表 5-7　电气设备防护结构选型

电气设备		火灾危险区域		
		21 区	22 区	23 区
电动机	固定安装	IP44	IP54	IP21
	移动式、便携式	IP45		IP54
电器和仪表	固定安装	充油型 IP54、IP44	IP54	IP44
	移动式、便携式	IP54		IP44
照明灯具	固定安装	IP2X	IP5X	IP2X
	移动式、便携式			
配电装置		IP5X		
接线盒				/

注：① 21 区内固定安装的，正常运行时有滑环等火花部件的电动机，不宜采用 IP44 结构。
　　② 23 区内固定安装的，正常运行时有滑环等火花部件的电动机，不宜采用 IP21 而应采用 IP44 型。
　　③ 21 区内固定安装的，正常运行时有火花部件的电器和仪表，不宜采用 IP44 型。
　　④ 移动式和携带式照明灯具有玻璃罩的，应有金属网保护。

【能力提升训练】

2001 年 4 月 6 日 21 时 14 分，铜川矿务局某煤矿四采区皮带下山延伸段发生瓦斯爆炸事故，造成 38 人死亡，16 人受伤，其中重伤 7 人，直接经济损失 136 万元。事故的直接原因是：该矿井是高瓦斯矿井，在掘进的过程中没有按《煤矿安全规程》的规定及时采取瓦斯抽放措施，致使工作面瓦斯时常超限。事故当班掘进工作面的风机没有正常运行，造成瓦斯积聚，并达到爆炸界限，由于电器设备短路产生火花而引起瓦斯爆炸。

请你通过本节所学知识或参考相关资料，分析总结高瓦斯矿井（爆炸性气体环境下）电气设备该如何选择？

【归纳总结提高】

1. 根据爆炸性气体混合物出现的频繁程度和持续时间，危险区域可分为 0 区、1 区、2 区，油罐内部液面上部空间属于哪个区？（　　）

A. 0 区　　　　　　B. 1 区　　　　　　C. 2 区　　　　　　D. 0 区或 1 区

2. 根据粉尘、纤维或飞絮的可燃性物质与空气形成的混合物出现的频率和持续时间及粉尘层厚度进行分类，在正常运行工程中，可燃性粉尘连续出现或经常出现其数量足以形成可燃性粉尘与空气混合物或可能形成无法控制和极厚的粉尘层的场所及容器内部，是哪个区？（　　）

A. 20 区　　　　　　B. 21 区　　　　　　C. 22 区　　　　　　D. 23 区

3. 爆炸性气体环境危险区域是如何划分的？

4. 爆炸性粉尘环境危险区域是如何划分的？

5. 爆炸性环境下电气设备的选择应考虑哪些因素？

6. 火灾危险区域电气设备该如何选择？

课题六　典型危险场所的防火防爆

项目一　石油化工企业防火与防爆

【学习目标】

掌握石油化工企业火灾爆炸危险性特点，了解石油化工企业的生产工艺流程，能够针对物料的输送过程、粉碎混合过程、热传递过程、分离过程、反应过程提出有效的防火防爆安全技术措施。

【知识储备】

石油化工是指以石油、天然气做原料，经过物理化学和机械加工而制取各种石油化工成品的工业。它涉及国民经济的各个领域，是国计民生不可缺少的重要行业和国民经济的支柱产业之一，在国民经济中占有十分重要的位置。石油化工生产流程复杂，设备种类繁多，是一种工艺比较复杂，技术性较强的行业。由于在生产过程中使用的原材料、半成品、成品以及各种辅助材料大多是易燃易爆物质，极易引发火灾和爆炸事故，所以石油化工企业一直都是防火防爆的重点单位。

一、石油化工企业火灾爆炸危险性特点

（1）生产涉及的物质种类多，一般具有危险性。石油化工生产所用的原材料、成品、半成品大多具有易燃易爆的特点。这类物质在生产过程中多以液态或气态的形式存在，闪点燃点都比较低，所需要的点火能量较小，一旦遇上火源极易发生燃烧或者爆炸，且火势凶猛，传播速度快。

（2）生产工艺多采用高温、高压或深冷、负压。高温、高压工艺条件会增加物料的活性，扩大爆炸极限的范围，同时还能够引起设备管路接口的变形，造成物料泄漏；负压工艺条件虽然较安全，但有可能因为设备气密性不高而吸入空气，与可燃物料形成爆炸性混合物；低温深冷会使某些含水的物料冻结，造成管路堵塞或破裂。

（3）生产方式连续化、自动化。在生产过程中如有一处阀门开错、参数失控、部件失灵、通路受阻或运行中断，就会引起连锁反应造成毁灭性灾害。

（4）生产设备大型化。炉、塔、罐、泵、器体积庞大，布局集中，管道纵横贯通，一旦发生火灾，连锁反应和大面积立体燃烧都将导致严重损失。

（5）生产动力源多。火源、电源、热源交织使用，如果管理不善或者使用不当，极易成为火灾爆炸的导火索。

二、石油化工企业防火防爆安全技术措施

石油化工生产过程是由多种单元操作过程组成，如物料的输送过程、粉碎混合过程、热传递过程、分离过程、反应过程等，这些单元操作过程的防火防爆是石油化工企业预防火灾及爆炸的重要途径。

1. 物料输送过程防火防爆安全技术措施

1）气态物料输送过程

（1）气态物料输送方式的选择。

物料的输送方式应根据工艺操作要求确定，并以保证安全、经济、高效为原则。比如真空蒸发、蒸馏、吸滤等操作，应采用真空抽送方式输送气体。后道工序需要加压的操作，则宜采用压缩机等机械压送的方式。

（2）气态物料输送设备的选择。

气态物料的输送设备除按输送方式确定外，尤其要注重按照物料的化学性质和防火防爆的要求进行选择。例如压送氢气、乙炔等可燃气体的风机叶片等部件，绝不允许用能产生碰撞、摩擦火花的金属材质制造。同时设备必须满足相应的防爆等级，实践证明，输送可燃气体，采用液环泵比较安全。

为了避免压缩机气缸、缓冲罐压力增大所致的爆炸，其设计强度应满足最高压力的要求，而且在压力管线上和缓冲罐上均需安装安全泄压装置及压力检测报警装置，以及自动调节和连锁停车自动装置。

（3）工艺操作的防火防爆措施。

在抽送和压缩可燃气体时，进气吸入口应经常保持一定的余压，以免出现负压吸入空气形成爆炸性气体混合物。压缩机，特别是多级压缩机要保证有良好的冷却和润滑作用。冷却水的出口温度，一般不得超过 40 ℃。在正常操作中，要对压缩机进行看、听、摸等方法的经常性巡回检查，发现有部件松动、发热、活塞被卡住、金属物落入气缸及气缸带液、部件损坏等故障，均应紧急停车进行检查、维修和更换。经常检查和记录入口和出口的压力。为了预防气体入口处的负压，要求开车和增加气量时，要及时同送气岗位联系。经常检查室外缓冲缸，以防积水太多；压缩机与鼓风机之间应设连锁装置；气体总管要装设压力低位报警装置。当发现压缩机带液时，应立即判断是哪段气缸带液，并迅速打开该段油水阀和放空阀将气缸内水排放。如严重带液，要紧急停车，检查各部件是否损坏，同时拆开活门对气缸、管道进行排水。为了防止出口压力憋高，开、停车过程中，要仔细检查，不能弄错阀门；向外工段送气或切断送气，要密切相接，不能提前和延迟；发现压力增高立即停车。为了预防冷却水不足和中断，要经常检查各段冷却水是否通畅；定期清理水冷却器和水夹套内杂物；在上水总管上设置水压低位自动报警装置；开车时及时打开水总阀门。

另外，为了预防可燃气体泄漏，对压送机械、管道等容易产生泄漏的部位，要加强经常性检查，发现泄漏及时检修。同时容易发生可燃气体泄漏的场所应设置可燃气体检测报警设备，并加强通风换气措施，以便及时发现并及时处置，防止形成爆炸性气体混合物。

2）液态物料输送过程

（1）液态物料输送方式的选择。

真空抽送适用于真空度不大条件下的短距离液体输送；而压缩气体压送适用于长距离输送液体；当液体的火灾危险性较大，也宜采用惰性气体进行压送。通常多采用泵送方式输送液体，而采用虹吸和自流输送易燃液体的方式较为安全。

（2）液态物料输送设备的选择。

当输送易燃可燃液态物料时，必须根据物料特性和防爆要求选择设备。一般地说，输送易燃液体宜采用蒸汽往复泵，输送各类油品宜采用防爆型离心式油泵。

（3）工艺操作的防火措施。

为了防止各种泵类出口压力增高和更好地调节流量，出口管道上应安装支路回流控制阀。泵、管道等设备容易产生泄漏的部位均应密封可靠，并经常检查，发现泄漏及时处置。要求连续处用垫圈密封，泵轴与泵壳之间要采用轴封装置，即填料密封或机械密封。容易产生腐蚀破坏的设备及管道。要采取有效的防腐措施，一旦发现锈蚀应及时维修和更换。输送易于产生静电的液体的设备和管道，均要有良好的整体性静电接地装置。容易发生泄漏的场所应设置可燃蒸气浓度监测和报警装置，并要有良好的通风设施。

3）固态物料输送过程

（1）固态物料输送方式的选择。

合理地选择输送方式，对于防止火灾发生不无关系，例如可燃粉状物料，以惰性气体气流输送方式较为安全，而斗式提升输送方式则易造成粉尘飞扬，增大粉尘爆炸的危险性。螺旋输送油料粕等小颗粒料物料却不易引起粉尘飞扬。

（2）固态物料输送设备的选择。

不同的输送方式，其输送设备种类不同。从防火安全角度考虑，则容易产生可燃粉尘飞扬的物料，以气流密闭输送为好；块状、包装类物品应以传送带输送机平稳输送为好。但容易产生火花或高热的输送设备，不宜输送可燃物料。若必须采用时，应采用相应的防爆类型或具有可靠的防护措施。

（3）工艺操作的防火防爆措施。

为防止产生静电，可燃物料输送的管道应选用导电性能好的材料制造，并应有良好的接地装置。输送操作中，要控制速度平稳，不可急剧改变送风量或送料量，且其流速要控制在规定范围内。输送管道的直径要设计合理，弯曲和变径部位要尽量减少，使过渡平缓，管道内要平滑并便于清理，以防止物料在管道内堆积堵塞管道。输送机械的传动和转动部位，要保持正常润滑，传送皮带应松紧适当，防止打滑而摩擦生热，并宜采用张紧装置。动力电机及其线路要经常检查维护，防止产生漏电和短路事故。容易造成粉尘飞扬的输送物料场所，要经常清理积尘，防止粉尘爆炸。

2. 物料粉碎与混合过程防火防爆安全技术措施

1）物料粉碎过程

（1）防止粉尘爆炸。

对于能产生可燃粉尘的破碎、研磨设备，要求密闭，并要设置静电接地装置和爆破片泄压装置；对于火灾、爆炸危险较大物料的粉碎设备，操作中应施以充氮保护。物料进入粉碎设备前应进行磁选，以去除铁钉等金密屑硬物；加料斗的构造要求封闭，在破碎和研磨时，加料斗需保持满料，使加料口经常有料进入粉碎设备内；加完料后，料斗的盖子应封严。粉碎设备的操作间应有良好的通风措施，宜设置机械通风除尘和水喷灭火设备（当物料不能与水发生反应时）。

（2）防止产生点火源。

要随时检查维修设备，防止机械件松脱掉入粉碎机内；观察有无硬物混在物料中以便及时清除；转动部位的润滑要可靠；研磨具有爆炸危险物料的球磨机，宜内衬橡胶或其他柔软材料，研磨体可采用青铜球；消除设备内产生撞击火花和摩擦生热的可能性。

物料在初次研磨前，要先在研钵中试验，了解其火灾危险性和是否有黏结现象后，再进行粉碎生产。可燃物料，特别是具有自燃特性的物料，研磨后应经冷却再装桶。具有发生粉尘爆炸危险的操作间内的所有电气设备，均应满足相应的防爆等级。

当发现粉碎系统物料阴燃或着火时，须立即停止送料和停机，充入氮气、二氧化碳、卤代烷或水蒸气等灭火剂扑救。不宜采用强水流冲击，以免粉尘飞扬造成新的爆炸事故。

2）物料混合过程

混合操作是石油化工生产经常采用的工艺。凡是两种以上物料相分离的物料，按一定的组成均匀分布成一体的操作都属于混合操作。混合操作有的属于物理分散过程，有的属于化学反应过程。生产中常见的混合有气-气混合、液-液混合、固-固混合、液-固混合等操作过程。由于物料的火灾危险性，混合设备的故障及人为操作不当，也会使混合操作过程产生火灾、爆炸的危险。

（1）严格控制各种点火源的产生。

易燃、易爆物料混合操作的场所，除要严格控制各种人为点火源外，电气设备应保证具有相应的防爆等级。混合器容易发生摩擦生热的转动部位要加强润滑，必要时可附以其他冷却措施。混合过程中能产生静电火灾的设备，应设置可靠的静电接地装置。对于物料火灾危险性较大、混合过程中又有产生碰撞火花危险的操作，除要操作前清除可能产生碰撞火花的杂物外，宜采用氮气保护措施。

（2）保证搅拌运转正常。

搅拌器是保证物料按工艺要求混合的核心设备，其设计、选型必须合理适用。当因停电搅拌发生停转或搅拌发生损坏故障时，应及时有可靠的人工等补助混合措施，如以高压气流、高压液体、人工等方法补救。特别对于放热的混合操作过程，除要设置有效的冷却系统外，搅拌器还应采用双电路供电。

（3）混合设备要保证安全要求。

对于可燃气体、液体混合操作设备和容易产生粉尘爆炸的混合操作设备，必须做到严密封闭。为了防止混合设备增压，可装设安全泄压装置或自然排尘管。火灾爆炸危险性极大的混合设备，宜设置温度或压力检测报警装置、自动调节连锁或联动装置、灭火装置或抑爆系统。操作过程中要严格遵守安全操作规程，发现异常及时处置，确保混合过程的防火安全。

3. 热传递过程防火防爆安全技术措施

1）物料加热

（1）直接火加热。

处理易燃易爆物料的生产操作，不宜采用直接火加热方式。如果工艺条件要求必须采用时要尽量避免火焰直接接触设备，最好采取烟道气加热或火焰通过辐射方式加热。当火焰直接接触设备时，应有防止设备局部受热过度和烧穿设备的措施。炉灶、烟道、烟囱等部位的缝隙应堵实，并应涂白漆或白灰以便于发现泄漏。可燃物应远离这些部位。容量较大的加热设备应备有事故排液罐；容易发生增压爆炸的设备要设置温度、压力检测报警和安全泄放装置。在燃气的加热设备进气管道上须安装阻火器；在以煤粉作燃料的煤粉输送管道上应装设爆破片。为了便于在应急情况下紧急处置，炉灶应采取"死锅活灶"。用烟道气加热时，应防止燃烧室内的火星进入受热物料设备；用煤作燃料时，可采用挡火墙阻挡火星。对燃油、燃气的加热炉，点火前，要检查供油、供气阀门的关闭状态，并用蒸汽吹扫炉膛，排除其中可能积存的可燃气体，以免点火时发生炉膛爆炸。

（2）水蒸气和热水加热。

通常物料加热温度在 100 ℃ 以下的，应采用热水循环加热；100～140 ℃ 的，可用蒸汽加热；但忌水的反应物料（如金属钠）绝不可用热水或蒸汽加热，以免设备渗漏发生爆炸。

（3）载体加热。

采用油类载热体加热时，应尽量选用高沸点的矿物油。例如，需要将物料加热到 140 ℃ 以上时，可用闪点和沸点都较高的 62 号或 65 号气缸油作为载热体，并由浸入油面以下的电加热管加热，或采用热油循环加热。如果采用热油循环，油加热器的排气管直径要选择得当，以防排气管堵塞而使系统压力增加，引起喷油。喷油可使油面下降，电热器落出油面形成明火源。忌水性物料，应采用油载体加热。另外，油循环系统应密封，不可出现渗漏，温度和压力指示仪表应可靠，并要经常定期检查和清除油锅、油管内的沉积物、结焦物，防止堵塞管路。

联苯醚为载体的加热。道生炉上应安装压力计、安全阀、放空管和油位指示器。道生蒸汽管和回油管直径应设计合理，避免堵塞。联苯载体的容器和加热循环系统应保持密闭、无泄漏。道生炉宜采用火管式炉子，以保证有较好的循环对流和局部过热减少。开车前，要排净道生系统内的残留水；新的或添加的载热体，需经脱水预热，去除水分。在运行过程中，如遇压力突升的紧急情况，要立即打开放空阀泄压，并关闭通向加热设备的阀门，同时熄火。检查系统有无渗漏。停炉时，先放出被加热设备中的物料，后关道生蒸汽阀。停车检修时，应检查设备有无渗漏；开车时，应先把进汽阀和回油阀全部打开，然后按规定升温，把载体中的水分排出。开车初期，要注意温度与压力的关系，如压力偏高，温度偏低，说明有水分存在，应继续排气；如果压力偏低，温度偏高，表示道生油量不足，应补加道生油。操作中，要严格控制道生炉的温度不超 30 ℃。

无机载热体的加热。保证设备完好，尤其要防止硝酸盐混入燃烧室中，或泄漏物料与熔盐接触。操作中和火灾扑救时，严防水进入熔盐和熔融金属的设备中。

（4）电加热。

当加热易燃物料时，应采用封闭式电炉。电炉丝与被加热的器壁要有良好的绝缘，以防击穿器壁。因此，导线的绝缘层应具有防潮、防腐、耐高温的性能。加热温度超过 250 ℃ 的加热操作，大多采用感应加热，导线应满足最高载荷的要求，并且导线接触部位要加跨接条。谨防物料滴漏，特别在电感加热器的上方不可设置计量槽的中间储罐等。电加热设备宜安装自动控温联动装置。加热温度接近或超过物料自燃点的操作，应采用惰性气体保护。物料的加热应严格控制在分解温度以下。

2）换热过程

（1）换热设备的防火措施、设备的连接处及焊缝等部位应经常检查，保证其密闭无渗漏，当介质为腐蚀性时，应采取器内防腐措施，或选择抗腐蚀的不锈钢、石墨等材料制造的换热器。换热器的进出物料和换热载体的管线上，应设置温度、压力检测仪表；高压换热器还应设置安全泄压装置或放空管。油品的换热设备区，应安装蒸汽灭火设施。容易发生泄漏易燃易爆物料的换热设备下方，应有防止油品流散的围堰，该区的下水道应设水封井，围堰内宜设置可燃气体浓度检测报警装置。

（2）换热设备操作的防火措施、换热设备内的污垢要定期清洗，清洗的残积水应排净。某炼油厂就是由于开车前未排净残余水，遇高热物料汽化而发生了换热设备爆炸事故。换热设备不凝可燃气体的排空，宜采用密闭式；若使用敞开式，宜充氮保护。火灾爆炸危险性大的换热操作，其冷或热载体的供给要有可靠保证，如泵等输送机械，应有备用设备或双路供电保障。

4. 物料分离过程防火防爆安全技术措施

1）物料蒸馏过程

（1）减压蒸馏过程。

减压蒸馏设备必须保持严密性，真空泵管路须设单向阀，防止突然停车时空气进入设备内。真空系统的排气管应通至厂房外，管端应设阻火器。冷凝、冷却系统必须保证有效，应有致冷剂中断后能及时给予补救的措施。要严格控制升温速度及上限温度，以防发生冲料。

蒸馏操作结束时，应先停止加热，待其降温后，再解除真空。如为自燃点较低或遇空气容易分解爆炸的物料，解除真空时应缓缓灌入惰性气体后，再停真空泵。开车时，则应先开真空阀门，再开冷却器阀门，最后打开蒸汽阀门，否则物料会被吸入真空泵引起冲料，或使设备受压，甚至引起爆炸。

（2）常压蒸馏过程。

蒸馏系统应密闭，尤其是介质的腐蚀性较强时，设备应有良好的防腐保护。蒸馏设备内严防冷水突然进入，操作时应先将塔内及蒸汽管道内的冷凝水放净。间歇式蒸馏操作中，严防蒸干使残渣焦化结垢引起局部过热而着火或爆炸。用直接火加热蒸馏高沸点物质（如苯二甲酸酐）时，应控制温度限度，并要防止设备内自燃点很低的树脂油焦状物遇空气自燃。蒸馏接近结束时或残留物趁热放料时，可用惰性气体保护或降低卸料温度。常压蒸馏的再沸器温度要严格控制，防止出现物料的瞬间急剧气化。冷凝、冷却器效果必须良好，而且接受冷凝的接受器的排气管应伸出屋外，周围半径 15 m 范围内不得有产生火花地点，接受器内最好设有冷却装置，以减少蒸汽蒸发损失和增加安全性。蒸馏系统管路要保持畅通；当发生物料冷凝堵塞时，可用热水或蒸汽在管道外壁加热，绝不许用明火加热烘烤。

（3）高压蒸馏过程。

高压蒸馏系统应定期进行气密性和耐压试验检查；系统上须安装安全泄压装置；易燃易爆物料的紧急排放应送入密闭处置系统，液态排放应设事故槽；气相排放应接火炬或集中排放系统。

温度和压力的控制宜采取连锁自动调节控制系统。其余措施同常压蒸馏。萃取、吸收、蒸发等提纯分离操作的火灾危险性及预防措施基本与蒸馏操作相同。值得注意的是对于吸收放热、溶解放热的分解操作，严格控制温度，保证热量及时移出，不使之造成温度异常，对于防火防爆是十分重要的。

2）物料机械分离过程

（1）旋风分离过程。

可燃物质的旋风分离载流体不宜采用空气，而应选用氮气、烟道气等惰性气体。旋风分离系统，必须设置静电导除装置。严格控制旋风分离场所内的各种火源。

（2）液体分离器和高速离心机分离液态物料过程。

液体分离器设备应经常维护，确保密闭无泄漏；筒体应安装可靠的静电接地装置；操作中严格控制液位和静置时间，避免发生溢料、跑料事故。高速离心分离低自燃点易燃液体，或有在离心机内形成爆炸性气体混合物危险时，应采取惰性气体保护措施。离心机要保证性能完好，无泄漏。

（3）离心机甩滤过程。

当采用离心机进行易燃可燃液体-固体甩滤操作时，离心机马达必须防爆，离心机壳体必须接地可靠。使用的皮带必须是整根的三角皮带，不得使用有金属接头的万用皮带，而且数量宜为三 根，并且松紧适度。离心机滤袋的材质最好采用帆布；合成纤维滤布易产生静电，尽量少用或不用。不得已使用时，要注意出料时应先将滤饼用木铲铲松，然后慢拉滤袋，以免突然剥离而产生高压静电。在离心机转篮涂有防腐涂料时，也容易产生静电火花，必须高度注意。

为了防止形成爆炸性气体混合物，除了要在拦液板上设槽边吸风装置外，还应有防止气体扩散的措施。离心机应加盖，放料管应伸入接受器，接受器不得敞口，并宜采取内循环法。离心机停车应缓慢、间歇进行，不得用力猛刹车，以防强烈摩擦产生高热。

（4）压滤过程。

压滤机应有良好接地装置，并且严防泄漏；滤液接受器不得敞口，应加盖封闭，蒸气可用排气管导出室外。若滤液温度较高，应加设冷却设备降温冷却。

压滤开始时，压力要低，滤速要慢，以控制滤液缓速流出。经过一段时间后，压力方可缓慢平稳提高。如果工艺操作上有难度，则可通入惰性气体，驱除系统内空气后，再进行压滤操作。压滤结束，应待温度降低后再拆开压滤机盖，取出滤饼，以减少溶剂蒸发扩散。

含有易燃液体的物料应用惰性气体压滤，不得采用压缩空气压缩。压滤机旁应设机械吸风口，及时排出逸出的气体。容易产生蒸气泄漏的压滤操作场所，应设置可燃气体浓度检测报警装置和泡沫等灭火设备。

（5）抽滤过程。

抽滤系统应保持严密无漏，以防吸入空气。真空泵必须有洗涤器和安全罐。洗涤器内一般装水，以凝聚和洗去部分滤液蒸气；必要时可在安全罐前设冷凝回收装置，既可回收部分溶剂，又可减少进入真空泵的溶剂蒸气量。当物料内含有低沸点溶剂时，则不应采取抽滤法分离。

5. 物料反应过程防火防爆安全技术措施

1）预防泄漏类火灾与爆炸的安全技术措施

（1）防止泄漏。

预防泄漏除要从行政管理角度加强教育外，还应从设备和操作两个方面研究。

反应器的材质选择要适当，特别要具有良好的防腐性能。密封结构设计应合理；焊缝质量要保证；各连接部位的安装要达到密封的质量要求，并尽量减少连接部位；易燃易爆物料的输送管道，尽量采用无缝钢管，且宜采取焊接连接。容易产生应力载荷的部位，应采取减振、热胀补偿等消除应力措施。定期或不定期地测试和维修设备，确保反应系统无泄漏。

防止出现操作失误、错误操作和违章操作。阀门的关启应有明显标志，管线应按规定涂色；开启孔盖要在保证无泄漏的状态下进行。经常进行业务培训和职业教育，提高责任感和消防安全意识，减少人为操作所致的泄漏事故。

（2）及时发现和处置泄漏。

及时发现泄漏是预防泄漏类火灾的重要环节。为此，容易发生泄漏的部位和场所，要进行经常性的试漏检查。可采取听、闻、摸、喷涂试剂、肥皂水试漏、P4试纸检验、压差检验等方法进行。易燃易爆物料的反应操作场所应设置可燃气体浓度监测报警装置和良好的通风、驱散、稀释等设施，以利及时发现，及时处置，消除火灾爆炸危险。

处置泄漏的根本方法是堵封泄漏孔洞，断绝泄漏源。泄漏的物料应尽快清理干净；有发生爆炸性气体混合物爆炸危险的，应及时通风，或喷雾水扑集驱散，或充入惰性气体稀释、冲淡至爆炸下限以下。

（3）严格控制泄漏区域内的点火源。

点火源的存在是引起泄漏类火灾或爆炸的关键。假如无任何点火源存在，即使形成了爆炸性气体混合物，也不会发生爆炸。

当泄漏发生后，应立即熄灭可能波及区域内的各种明火，如锅炉房、加热炉的明火、动火检修的焊接或喷灯的明火。非防爆电器不得随意开关，控制一切电气火花；能产生火花的一切行为或动作，也应立即停止，确保危险区域内无任何点火源存在。

2）预防反应操作失控的安全技术措施

（1）防止操作引起的反应失控。

首先必须严格按照操作规程的规定，进行投料速度、投量配比、投料顺序、升温和升压速度的控制，保证操作温度、压力在规定的数值范围内。发现事故苗头，立即遵照紧急事故处理方案操作。提高职业责任感、业务水平和消防安全意识，尽量避免出现操作失误、违章和违纪操作。

（2）防止设备引起的反应失控。

平时应经常检查和维护反应设备，避免产生泄漏条件；开车前，要彻底清除反应设备内的残留水及污垢，保证冷却和加热系统供给正常，冷却水供给泵应有备用泵，电源应为双电路供电；搅拌系统要严格密封，并为双电路供电。当搅拌无法运转时，应有人工搅拌、高压水冷却或紧急卸料的措施。火灾爆炸危险性很大的反应设备，应设置氮气保护系统，或抑爆系统和灭火系统。

设备除安装温度、压力等控制、显示仪表装置外，应有与温度或压力连锁自动控制系统。安全泄压装置要定期试验检查，保证灵敏可靠。

【能力提升训练】

案例：2013年11月30日18时35分，位于沈阳经济技术开发区新民屯镇三台子村的沈阳三木化工有限公司的醇酸车间工人向炉中投料过程中，反应釜突然发生闪爆，造成2名工人死亡。

根据本节课所学知识，分析石油化工企业在物料反应过程如何有效预防火灾爆炸事故。

【归纳总结提高】

1. 石油化工企业火灾爆炸危险性特点有哪些？
2. 石油化工企业防火防爆安全技术措施有哪些？

项目二　汽车生产企业涂装作业防火与防爆

【学习目标】

了解汽车生产企业典型涂装作业工艺流程，掌握涂装作业中易燃易爆物质的种类，能够对涂装作业场所进行火灾爆炸危险分析，并提出有效的防火防爆安全技术措施。

【知识储备】

随着人们的生活质量水平得到了显著提高，人们拥有汽车的数量也在增加，这就促进了汽车产业的发展。汽车涂装作业是汽车制造中一个重要生产环节，生产过程中存在大量易燃易爆物质，为避免造成伤害和引发火灾爆炸事故，制定汽车生产企业涂装作业防火防爆安全技术措施就显得十分必要了。

一、典型涂装作业工艺流程

涂装工艺一般采用三涂层、三烘干及二涂层二烘干的涂装体系，即阴极电泳底漆、中间涂层、面漆涂层。涂装作业工艺流程如图6-1所示。

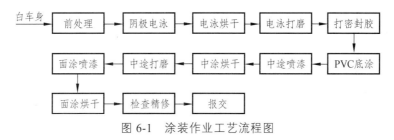

图 6-1　涂装作业工艺流程图

二、涂装作业中的易燃易爆物质

凡能引起火灾或爆炸危险的物质均是易燃易爆危险物质，汽车涂装作业过程中涉及的易燃易爆物质主要为可燃及易燃液体涂料、烘干使用的燃料天然气及打磨工序产生的粉尘。

1. 汽车涂料

汽车涂装作业使用的有机溶剂型涂料和稀释剂，多数是一级易燃液体，《危险化学品名录》中危规号为32198的丙烯酸清漆、丙烯酸漆稀释剂、氨基漆稀释剂、聚氨酯漆稀释剂、聚酯树脂清漆、聚酯漆稀释剂等含一级易燃溶剂的油漆、辅助材料及涂料（−18 ℃≤闪点＜23 ℃）均为一级易燃液体。表6-1中为某汽车厂使用的部分涂料MSDS中技术数据，从闪点上可以确定涂料本身不是一级易燃液体，但涂料成分却含有一级易燃液体。

表 6-1　部分汽车涂料技术数据

名称	主要成分	含量/%	引燃稳定/℃	闪点/℃	爆炸极限/（V%）	
					上限	下限
丙烯酸氨基涂料	乙酸丁酯	6-10	>244	>48	6.6	1.1
	乙二醇乙醚醋酸酯	3-6				
	环己酮	2-5				
氨基聚酯涂料	芳烃溶剂	3	>244	>48	6.6	1.1
	乙酸丁酯	21				
	异丁醇	3				
	甲基异丁基甲酮	5				
聚氨酯清漆	醇酸树脂	58~60	>244	>46	—	—
	二甲苯	23~24.5				
	醋酸丁酯	13~15				
	助剂	0.5~1				
稀释剂	芳香烃溶剂	50~70	>244	>48	6.6	1.1
	酯类溶剂	30~40				
	醇醚类溶剂	20~30				

2. 天然气

涂装作业中的烘干室采用天然气作为燃料，天然气主要成分为甲烷，甲烷闪点极低，为－188 °C，引燃温度538 °C，爆炸下限5%，爆炸上限15%，易燃，与空气混合能形成爆炸性混合物，遇热源和明火有燃烧爆炸的危险。

3. 可燃粉尘

涂装作业各涂层烘干后的打磨过程中会产生大量的粉尘，粉尘的主要成分为涂料中的成膜物质和颜料，成膜物质中的环氧树脂和颜料中的碳黑等均为可燃性粉尘，作业场所漂浮的粉尘及通风除尘系统中的粉尘达到一定的浓度遇明火、电气火花或静电等引火源便会发生爆炸。

三、涂装作业场所火灾爆炸危险分析

1. 涂料引发的火灾、爆炸

（1）喷漆室、烘干室、储蓄间、调漆间等作业场所如果通风系统设计缺陷或保养不善而致管路堵塞、风路不畅或通风换气设备故障等原因，不能及时将有机溶剂蒸气排出，达到爆炸极限时遇明火将发生火灾爆炸。

（2）爆炸危险区域如没有选用合适的防爆电气设备或选型不当及因管理、维护保养不善而致损坏，可能产生电火花或高温引致火灾爆炸。

（3）未采取防静电措施或防静电措施失效。涂装作业在喷涂、调输、清洗过程中都会产生静电火花，对需要点火能量小的易燃液体蒸气，会带来极大的威胁；作业人员因穿着不当（纤维类衣物）产生静电火花而导致涂料溶剂蒸气或漆雾发生火灾、爆炸。

（4）若项目所在地属多雷暴区，没有采取必要的防雷设施或防雷设施因维修保养不善而失效，有可能因建筑物遭雷击而导致火灾、爆炸。

（5）管理缺陷，也容易引发火灾爆炸事故。

2. 燃气使用引发的火灾、爆炸

涂装作业使用天然气作为燃料，热风循环对工件进行烘干，因天然气闪点低，爆炸极限范围宽，爆炸下限浓度低，点火能量小，而在流动时易产生静电等特性，决定了天然气潜在的火灾、爆炸的危险性较大。

（1）燃气管道、阀门材质缺陷或施工质量不良、管理不善（没有进行定期检查，阀门密封失效、紧急切断阀失效），操作不当，管路故障等原因会造成天然气泄漏，在局部空间或厂房顶部聚集形成爆炸性混合物，遇火源可发生火灾、爆炸。

（2）燃烧器出现故障或者工人违反操作规程，在未开启风机前先打开燃烧器燃气闸或没有相应的工艺安全联锁装置，形成具有爆炸危险的燃气空气混合物，点火会发生爆炸。

（3）燃烧器前的调压阀发生故障无法准确提供定稳压气源，使供气压力不稳而造成熄火，可能引发燃烧室爆炸。

3. 打磨粉尘引发的火灾、爆炸

打磨作业场所漂浮的粉尘及通风除尘系统中的粉尘浓度达到爆炸下限，排风机电气设备未采用防爆电气或通风管道未采取导除静电的措施可能发生粉尘爆炸。

四、防火防爆安全技术措施

对汽车涂装作业的危险物质、工艺过程、设备设施的火灾爆炸危险进行分析，为了预防火灾爆炸事故，从汽车涂装作业总体布局、建筑物、电气防爆、防雷防静电、安全通风、自动控制、消防设施等方面采取相应的安全对策措施。

1. 总体布局

涂装作业场所应布置在厂区常年最小频率风向的上风侧，与厂前区、人流密集处、洁净度要求高的厂房之间应按《建筑设计防火规范》（GB 50016—2014）的规定留出足够的安全距离。

2. 建筑物

涂装作业场所的火灾危险性分类应根据使用的涂料种类而定，厂房的耐火等级、防火间距、防爆和安全疏散措施应根据已确定的生产火灾危险类别符合现行《建筑设计防火规范》（GB 50016—2014）的相关要求。

厂房应采用单层建筑或独立厂房。涂装作业场所若与其他不同火灾危险类别的生产处于同一厂房内，生产区域之间应用防火墙进行分隔。门窗应向外开，出入口至少应为两个，其中一个出口直接通向安全区域，内部主要通道宽度不应小于 1.2 m。

3. 电气防爆

涂装作业爆炸危险环境的电气设施必须符合整体防爆要求，即电机、电器、照明、线路、开关、接头等都必须符合防爆安全要求，严禁乱接临时电线。

4. 防雷防静电

高大厂房应有防直击雷的设施，精密电气设备、控制系统就有防感应雷的设施；在火灾、爆炸危险区域内禁止设置或进入电磁波辐射性设备、设施、工具以及易发生静电的物体；储漆间、调漆间及其工艺管线必须作可靠的防静电接地，如在地面设置静电接地铜带，输送天然气、涂料及其含有爆性粉尘、蒸气的排风管道的连接处（如法兰）应进行防静电跨接；喷漆室、烘干室等的所有导电部件等均应可靠接地，设置专用的静电接地体，其接地电阻应小于 100 Ω；采用手工静电喷漆设备的喷漆室地面应铺设导电面层，其电阻值应小于 1×10^6 Ω；管路输送涂料时，除将管路接地和跨接外，应控制涂料流速不大于 1 m/s，以防高速流动产生摩擦静电。

5. 安全通风

（1）涂漆作业场所通风系统的进风口和排风口应设防护网，直通到室外不可能有火花坠落的地方，排风管上应设防火阀。

（2）喷漆室应设置安全通风装置和去除漆雾装置，大型喷漆室还应配置送风系统。

（3）输送含有机溶剂蒸气的风管，应采用不燃材料制作，不应穿过防火墙，如必须穿过，穿墙处设防火阀。穿过防火墙两侧各 2 m 范围的风管，保温材料应采用不燃材料。风管穿过处的空隙用不燃材料填塞，风管正压段不应通过其他房间。

（4）静电喷漆室应保持机械通风装置始终处于工作状态。通风装置未启动前，喷漆设备不应工作。喷漆工作停止后，通风装置应继续运行 5～10 min，使用静电喷漆设备时，设备的操作控制应与通风装置有连锁保护。

（5）浸涂区应采用机械通风，使距挥发气源超过 1.5 m 区域及通风系统内的有机溶剂挥发气体浓度不超过其爆炸下限浓度 25%。当通风系统出现故障时控制系统应自动停止浸涂工作，并发出声光报警。浸涂过程中应保证输送链系统启动前排风系统提前运行 10 min，浸涂操作结束后排风系统应继续运行 10 min。

（6）打磨作业场所的产尘点应设置吸尘罩，保证作业场所粉尘浓度不应超过其爆炸下限浓度的 50%。排风系统的除尘器应布置在系统的负压段。

6. 自动控制

（1）喷漆室、涂层烘干室内均应设置可燃气体浓度报警仪，大型喷漆室设置多点可燃气体检测报警仪，报警浓度下限值应调整在所监测的可燃气体浓度爆炸下限的 25%。

（2）浸涂作业中需要间接加热的浸涂槽应设置温度控制装置。温控器应能控制极限高温，当温度超过所设定的温度时，输送链、加热器应停止工作。当槽液液面超过或低于安全液面时，加热系统应自动关闭。

（3）烘干室应设置温度自动控制及超温报警装置并与加热系统连锁。烘干室控制系统的连锁应保证开机时应使循环风机及排气风机启动后，才能继续启动加热系统及工件输送系统；相反，停机时应使加热系统和工件输送系统关闭后，才能继续停止风机运行。

大型烘干室排气管道上应设防火阀，当烘干室发生火灾时应能自动关闭阀门，同时使循环风机和排气风机自动停止工作。燃烧及加热装置使用自动点火系统，并安装窥视窗和火焰监测器，能够在熄火时自动切断燃料供给。

7. 消防设施

（1）连续喷漆作业的喷漆室、流平室、供漆间、调漆间应设自动灭火系统，大型浸涂槽选择设置泡沫灭火系统、气体灭火系统、干式化学灭火系或水喷淋系统以保护浸涂槽、滴漆板、刚浸过漆的工件、罩壳、风管等。

（2）浸涂槽容积超过 2 m³ 应设置底部排放装置和转移槽。输送链下部应设安全防护装置，防止润滑液滴落污染槽液，并防止悬链与轨道摩擦产生的火花引起火灾。

（3）涂装作业场所应按《建筑灭火器配置设计规范》（GB 50140—2005）的规定配置足够的移动式灭火器材。

8. 其他技术措施

（1）新、改、扩建涂装工程的安全设施应按设计要求与主体工程同时建成，设计单位应编写《劳动安全卫生专篇》，设计、制造、安装、检验单位应有相应资质。

（2）采购人员采买涂料等化学品时应向供货单位索要安全技术说明书，进口涂料应有相应的中文安全技术说明书及安全标签。

（3）涂装车间必须制定严格的安全操作规程和防火防爆安全管理制度，并严格执行，应制定火灾爆炸应急救援预案，定期组织演练。

（4）作业人员应按设备技术与维护要求，做好日常运行维护检查工作，保证安全设备及设施完好有效。

（5）涂装生产管理、工艺技术人员应经安全技术专门培训，取得安全合格证书，持证上岗，涂装作业人员应取得特种作业操作证后上岗。

（6）涂装作业人员应穿戴防静电工作服、工作鞋及工作手套等劳动防护用品。

（7）涂装作业场所的入口设置"禁止烟火"标志，可能产生静电会导致火灾爆炸危险场所设置"禁止穿化纤服"标志，可能产生火灾爆炸危险的使用有机溶剂等作业场所，设置"禁止穿戴钉鞋"标志。

（8）擦拭涂料和被有机溶剂污染的废物布、棉球等应集中并妥善存放，特别是一些废弃物要存放在储有净水的密闭桶中，不能放置在灼热的火炉边或热气管四周，以免引起火灾。

（9）作业人员尽量避免敲打、碰撞、冲击、摩擦铁器等动作，以免产生火花，引起燃烧。严禁穿有铁钉皮鞋的职员进入工作现场，不用铁棒启封金属漆桶等。

（10）必须备有足够数量的灭火器、石棉毡、黄砂箱及其他防火工具，作业人员应熟练使用各种灭火器材。

（11）检维修作业需要进行热加工或动火作业必须办理动火作业审批手续。

（12）每年对自动消防设施、电气设施及可燃气体报警仪进行一次检测，保证自动消防设施、电气设施及可燃气体报警仪安全、有效。

【能力提升训练】

案例：2013 年 6 月 28 日，安徽江淮汽车厂一涂装车间，由于涂烘房循环风机导热油渗漏引燃地面上的可燃物所引发大火，厂区周围被浓烟覆盖，事发后，十多辆消防车紧急赶到现场扑救。所幸的是，由于厂区工人撤离及时，事故并未造成人员伤亡。

根据本节课所学知识，你觉得哪些安全技术措施可以有效预防汽车生产企业涂装车间发生火灾爆炸事故。

【归纳总结提高】

1. 涂装作业中的易燃易爆物质有哪些？
2. 简单总结汽车涂装作业中涂料引发火灾爆炸的方式。
3. 试从作业总体布局、建筑物、电气防爆、防雷防静电、安全通风、自动控制、消防设施等方面制定汽车涂装作业防火防爆安全技术措施。

项目三　加油站主要作业防火与防爆

【学习目标】

掌握加油站罐车装卸作业、加油作业、烃泵作业、设备清洗作业、检修作业的防火防爆安全技术措施。

【知识储备】

汽车加油站是经营石油产品的专门场所，主要为各类机动车辆添加油料，油料主要有汽油、轻柴油，它们都是易燃易爆品。随着各类机动车辆数量的不断增多，加油站的数量和规模也不断增多和扩大。因此，对汽车加油站防火防爆的要求也越来越高。

一、罐车装卸作业的防火防爆安全技术措施

1. 搞好防火安全设计

根据规范，控制各种设施的安全距离，特别是散发油蒸气的区域与可能出现火源场所的间距。要控制好储罐装卸口、通气管口等与锅炉房、配电间、明火或散发火花地点、道路或公共建筑、电力和通信架空线的间距，避免火种接近燃烧爆炸危险区域。

2. 采用密闭装卸技术

油罐车卸油必须采用密闭卸油方式，既可以减少油品的挥发损耗，又可避免装卸时油蒸气散发和集聚，加重对空气的污染，发生不安全事故。汽油罐车卸油宜采用卸油油气回收系统，在油罐车和储罐上安装气相管，装卸油品的同时，使油罐车中的蒸气经气相管流回到储罐或回收装置里。卸油管与油罐进油管的连接应采用快速接头及闷盖，保证接头牢固，无破损、断脱、开裂、老化现象。在油气回收管道接口前应装设手动阀门，卸油后拆除油气连通软管前关闭此阀，使油罐车、油罐内的油气不泄漏。

对非密闭式卸油，必须通知加油员关闭与卸油油罐连接的加油机，暂停加油作业。

3. 严格安全操作

卸油操作人员应准备不少于 1 只 4 kg 干粉灭火器、1 只泡沫灭火器和 1 块灭火毯进入作业现场。

油罐车进站后，卸油人员应检查油罐车的安全设施是否齐全有效，在检查合格后，引导油罐车行进到指定的卸油地点。

连接静电接地线，并检查接地装置是否连接牢固，防止漏接或接触不良。油罐车熄火并静置 10 min 以上，让电荷逐渐衰减。卸油操作人员按工艺流程连接卸油管路，将接头结合紧密，保证卸油管自然弯曲。

在卸油前一定要对油罐进行计量，核准油罐的存油量后才能卸油，以防止卸油时冒顶跑油。一、二级加油站的油罐宜设带有高液位报警功能的液位计，要求准确可靠。灌装时要按规定留出安全灌装量，一般要留有 5%～7%的剩余空间，防止胀坏油罐和跑冒。

装卸操作中，开启和关闭阀门要缓慢，禁止出现猛开急停的野蛮操作。在卸油过程中，现场必须有专人监护，观察卸油管线、相关阀门、过滤器等设备的运行情况，随时准备处理可能发生的问题，防止意外事故发生，同时，罐车司机不得远离现场。

作业完毕后，登上罐车确认油品是否卸净。关闭闸阀，拆卸卸油管，盖严罐口处的卸油帽，收回静电导线。最好静待 5 min 左右再启动开走。从罐顶部量油和取样，须在装卸完毕后等待 5 min 以上进行。

装卸完毕，要收集泄漏的油品，冲刷地面，将含有油的污水排放到污水处理系统。换装不同油品时，必须采取清洗、吹扫、置换等方法清除残余油品及蒸气。

4. 消除静电危害

汽油罐车卸车场地，应设罐车卸车时用的防雷电接地装置，并宜设置能检测跨接线及监视接地装置状态的静电接地仪。储罐及管线均应有良好的静电导除接地和连、跨接。油罐车卸油用的卸油连通软管、油气回收连通软管应采用导静电耐油软管，管的公称直径不应小于 50 mm。

必须杜绝喷溅式卸油方式，不允许将卸油管插入罐口卸油，卸油管必须深入罐底，距罐底高度不得大于 0.2 m，管端型式应能保证油流沿水平方向平缓地流出，进油管端的型式有 T 字形、喇叭口形、斜口形等多种形式，也可采用花管形（见图 6-2）。尽量采用密闭式底部固定灌装法，即通过罐的卸油口进行，可减少装油管因跨接失效和不适当定位造成的静电火花，进油口也宜装设防喷溅挡板或其他防止液体向上喷溅的构件。

严格控制油品流速。油罐车卸油时，在进油管被液面浸没之前，进口处的流速应控制在 1 m/s 以下，待全部淹没后方可加速。对过滤器孔小于 150 μm 的滤网，其下游应能提供至少 30 s 的缓弛时间，以衰减静电荷。当丝网发生堵塞，压降增大时，应立即停止输液，进行清洗或更换丝网。

操作人员应穿防静电工作服，其内衣和外套均应防静电。在天气炎热、干燥时，应在操作场所喷洒清水。

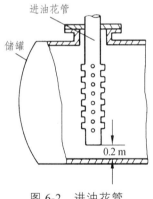

图 6-2 进油花管

5. 控制电气点火源

使用高于或等于相应作业区域油品蒸气级别的防爆电气设备。爆炸危险区域慎用移动式和便携式电器，禁止私拉乱接，违章用电。

6. 控制雷击点火源

独立的加油站或邻近无高大建（构）筑物的加油站应装避雷针。油罐必须进行防雷接地，接地点不少于两处。罐体、管道、法兰及其他金属附件均进行电气连接并接地。雷雨天气应停止装卸作业。

7. 控制明火源

控制检修用火、烟火和明火，装卸作业时不得使用电气焊、气割。油罐车的排气管应安装火星熄灭器。在装卸作业时油罐车不可点火起动和进行车位移动。

8. 控制摩擦撞击火源

储油罐的量油孔应设铜、铝等有色金属材料制成的尺槽，以防止量油过程中钢尺与孔口或钢管的摩擦打火。卸油操作人员应严禁穿带钉子的鞋。

二、加油作业的防火防爆安全技术措施

加油机是加油站的关键设备，如果操作不当，管理不善，会影响加油站的防火安全。

1. 保证设备完好不漏

油泵、管组、阀门、过滤器、流量计等设备，应完好无渗漏，工作可靠。加油枪宜采用自封式加油枪，能对汽车的油箱起到冒油防溢作用。随时检查有无泄漏部位，发现泄漏故障，应立即停止装卸操作，及时检修处理后方可继续作业。

2. 严格安全操作

引导车辆到机位时，特别是大型车辆，应避免发生意外碰撞，引起加油机体损坏。进站加油车停稳，发动机熄火后方可进行加油作业。

车辆油箱盖开启后，按操作规程加油，加油员必须亲自操纵加油枪，加油作业中不得将油枪交给顾客操作，不得折扭加油软管或拉长到极限。

加油枪要牢固地插入油箱的罐油口内，集中精力，认真操作，做到不洒不冒。车辆油箱的位置靠近电瓶或发动机上端，加油时必须特别小心，防止油枪滴油或触及电瓶，引起燃烧。车辆进油管的口径较小或油管弯道较多，加油时要轻注缓加，以防喷溢。操作中不慎发生喷溢油时，对喷洒在地面上的油品必须立即用棉纱或黄沙将油吸干，对溢在发动机或电瓶上的油，必须揩干，否则车辆不得发动。

摩托车加油后，应用人力将摩托车推离加油岛 4.5 m 后方可启动。

3. 停止加油作业

在遇到未熄火的车辆（发动机不停止工作）、发动机无罩、油箱（容器）无盖或渗漏、使用塑料桶等非金属容器、天气出现高强闪点或雷击频繁的情况时应暂停加油。

4. 防止油蒸气积聚

加油机、操作台都应设在通风良好的区域。密度比空气大的油蒸气在通风条件不好的情况下，易集聚在低洼处，达到爆炸浓度，因此装卸场所及邻近区域地坪以下应尽量避免有坑或沟。加油机基础中穿过的进油管，电源线和接地线的孔洞，应用黄沙填满，防止油蒸气串通积聚。

5. 消除引火源

加油机及管线均应有良好的静电导除接地和连、跨接。严格控制油品流速，加油枪给汽车加油时，其流量不应大于 60 L/min。

加油操作人员上岗时应穿防静电工作服、鞋，戴工作帽，严禁穿带钉子的鞋和易产生静电的服装。加油完毕后严禁用加油枪敲打油箱口。

控制电气点火源。加油站内爆炸危险区域的等级范围划分应按《汽车加油加气站设计与

施工规范》GB 50156—2012（2014修订版）确定。按照《爆炸和火灾危险环境电力装置设计规范》GB 50058—2014的规定，配备相应作业区域油品蒸气级别的防爆电气设备。慎用移动式和便携式电器。

独立建筑的加油站或邻近无高大建、构筑物的加油站，应设置可靠的防雷设施。加油站上空高强闪点或雷击频繁时，不应进行加油作业。

在加油站区域内禁止吸烟。

三、烃泵作业的防火防爆安全技术措施

烃泵是加油站重点设备之一，烃泵由于动密封件的易磨损，因此是较易泄漏的设备，火灾爆炸危险性较大，并且烃泵设备一旦发生故障，将会导致整个生产作业无法进行。

1. 控制和消除明火、摩擦、撞击火花

控制明火的产生，限制使用范围，严格用火管理，对于防止烃泵火灾是十分必要的。在加热时应避免使用明火，严格机动车行驶和禁烟等规定。

保持轴承润滑良好；摩擦、撞击部分采用不发火金属；严禁穿带钉子的鞋进入危险区域。

2. 消除工艺设备的不安全因素

电动机的功率应考虑有一定的安全系数，防止因过载而发热燃烧；严格电机质量检查，及时更换绝缘严重老化的电机，保持其线圈绝缘性能；注意维修保养电机，减少或避免定子、转子的摩擦。

烃泵应选性能良好的轴封装置，轻油泵的输送量大于 50 m^3/h 时，其轴封应为机械密封，渗漏应小于 2 滴/min。粘油泵也宜采用机械密封，如采用填料密封，渗漏量不应超过 8 滴/min。作业不频繁的、输送量小于 50 m^3/h 的泵，可采用填料密封，其渗漏量不大于 15 滴/min。

泵应运转平稳，无异常的振动、杂音和撞击现象。充装泵的进、出口安装长度不小于 0.3 m 挠性管，可减少泵的振动。转动轴的振幅当转速为 1 500 r/min 时，不大于 0.09 r/min，当转速为 300 r/min 时，不大于 0.06 r/min。压力、真空、流量、电压、电流、功率和转速等参数均在规定范围。冷却系统保持畅通，运转时轴承温度不得超过 70 ℃，填料函的温度不得高出环境温度 45 ℃。为了防止潜液泵电动机超温运行造成损坏和事故，潜液泵宜设超温自动停泵保护装置。电动机运行温度至 45 ℃ 时，应自动切断电源。

加强阀门管线的维护保养，注意阀门的腐蚀、破损情况。泵房中各种设备和设施应清洁、整齐、无灰尘和油污。

3. 杜绝电气事故火灾发生

根据爆炸危险场所的要求，选用适当的防爆电器设备及线路，并在安装中严格按照防爆场所的电器安装规范。汽油泵房可列为第二级爆炸危险区域。

防止静电产生和尽快消除已产生的静电。如泵体和管线必须装有静电接地装置，控制输送时物料的流速，加缓冲器消除油品飞溅，增湿，合理选择材质搭配，加抗静电剂等措施。操作人员应穿戴防静电服装、鞋帽及棉线手套，不准用化纤织物擦拭设备和地面。

按防雷要求，烃泵房为第二类工业建筑物，要求设置与罐区间合用的避雷保护网。

4. 完备安全装置

在齿轮泵或螺杆泵的出口管道上，应设安全阀，其放空管应接至泵的入口管道上，并宜设事故停车连锁装置。

容积泵因靠泵体内容积的变化而吸入和排出液体，如果压出管线闭塞，泵内的压力将急剧升高，以致造成爆炸事故，必须安装支路回流控制阀，可让一部分液体从旁通管流回吸入管内，启动泵前控制阀必须打开。

泵房要安装自动报警系统，以便发现泵房空气中油蒸气的危险浓度，及时报警。并且与事故通风、切断供电电源、关闭电动闸阀连锁。

在泵房的阀组场所，应有能将油品经水封引入集油井的设施。集油井应加盖。

5. 配置灭火器材

烃泵房内应备有泡沫、干粉、二氧化碳等小型灭火器材和砂箱、铁锹钩斧等灭火工具，手提式灭火器材和灭火工具应放在拿取方便的地方。

四、设备清洗作业的防火防爆安全技术措施

当加油站换装不同种类的油料，而原油料对新换油料质量有影响时，储罐运行时间较长，杂质、沉积物较多时，储罐、设备渗漏或损坏需要进行检查或检修时，都必须进行清洗作业。由于汽车加油站所储存的物质易燃烧，易爆炸，易带电，挥发性强，流动性大，还兼有毒性，若清洗方法不当，或清洗不合格即检修动火，极易引发火灾爆炸事故。因此，必须严格遵守清洗作业中的防火要求，落实防范措施。

1. 防止形成爆炸性混合物

储罐及其设备清洗之前要尽量将可燃物料完全排空，然后拆卸输送物料管线，脱离开储罐与其他罐、管的连接，并加盲板封堵，阀门关闭，防止物料进入。打开人孔、通气孔、排污口，使罐内充分通风。

对于机泵清洗和检修时，应加强泵房、压缩机间的通风，保证空气中油气、燃气浓度在安全范围内。

为了提高清洗油罐作业的安全性，可采取改储过渡油品的措施，即在不影响油品质量前提下，有计划地安排在清洗前将罐内汽油换储柴油。

禁止进罐人员使用氧气呼吸器，以防增加助燃的危险性。五级风力以上的大风天，不宜进行储罐的通风或清洗作业。

化学清洗时尽量选用能满足工艺要求的不燃或难燃性清洗剂。

2. 严格清洗作业的安全操作

为保证安全，不能利用输油管线代替清洗用的进水管线。可从排水口进行冲洗油罐。

采用高压水、蒸气冲洗方法时，要注意压力不宜过高，喷射速度不宜太快，防止高速摩擦产生静电。不得从储罐顶部进行喷溅式注水洗罐，也不能使用高压水枪或使用喷射蒸气冲洗罐壁。在通蒸气过程中，罐、桶的孔盖应全部打开，以免设备内超压。蒸刷完毕，要采取逐渐减压缓慢停气，注意防止产生过量负压损坏设备。

3. 控制和消除清洗中的引火源

清洗用的电气设备如照明、通信器材、卷扬机和机泵等应符合防爆要求。工作人员不准穿化纤衣服，不准使用化纤绳索，化纤纱头，防止静电产生和积聚。引入储罐的气管、水管、蒸气管线及其喷嘴等的金属部分，以及用于排除油品的胶管和机械通风机等，都应与储罐作电气连接，并有可靠的接地。进行人工铲除污物时，应用木质、铜质、铝质等不产生火花的铲、刷、钩等工具。拆卸零部件时只允许用木槌敲打，不得使用金属工具硬撬硬砸。禁止在雷雨天进行储罐清洗作业。

4. 彻底清除可燃物质

地下卧式圆筒型储罐的清洗一般采用蒸气吹扫，挥发性强的可燃液体成分被汽化后可随蒸气流排出，其低挥发性的成分又可被蒸气冷凝液冲洗带出。通蒸气时间应为 6 ~ 8 h。油罐清洗干净后，在罐面锈皮或鳞片的后面仍可能积存可燃物质，应对其进行清除，直至出现金属面为止。

油桶及类似容器，清除可燃物的方法有蒸气吹扫、水和脱脂剂蒸煮、充惰性气体等。向容器内吹扫蒸气的时间应根据容器大小与可燃物的量来定，应使容器的各部分都热到烫手，以及冲出的冷凝液不含油为止，一般吹入蒸气 2 ~ 3 h 才合格。水和脱脂剂蒸煮法是将容器、盖、塞子全部浸泡在沸水中，加入脱脂剂有助于清除高沸点残渣，也可先以石油溶剂冲洗一次，再进行蒸汽吹扫或沸水浸泡。采用惰性气体冲洗出可燃油品蒸气时，应在整个动火检修中备足惰性气体，一般采用钢瓶供给氮气或二氧化碳，也可使用"干冰"，清扫一个 180 L 油桶需用 0.5 kg "干冰"。

清除机泵内、管组、过滤器、阀门、集油坑等处的残油，对特殊场合应用惰性气体或蒸气彻底处理后才能动火。

5. 注意清洗后废物的处理

从储罐、设备中清出的锈蚀杂渣，应及时运出罐区，作为垃圾埋掉，或在监控条件下烧掉。在清除含硫储液的沉积物时，应不断用水润湿。含硫沉积物取出后，必须趁湿运走和埋入土中。

清洗后的含油污水不可随意排入下水系统，应从储罐放水栓、排污孔排至通往隔油池或相应的污油回收设施的专门下水道内。采用化学清洗剂清洗后的废液应经过处理，如稀释、沉淀、过滤等使污染物浓度降低到允许的排放标准后排放，或经化学方法处理至废液酸、碱性符合排放标准后排放，或排入污水处理系统，统一处理后排放。

五、检修作业的防火防爆安全技术措施

检修是汽车加油站经常进行的作业，加油站设备的安装维修、技改更换，往往离不开动火作业。

1. 加强检修作业的安全管理

加油站设备检修应尽量采用冷加工检修法。必须采用动火检修的应严格执行有关动火的

法律、法规，办理动火许可证。动火作业前，经本单位安全部门审批，并报当地公安消防机构备案；动火期间，消防安全责任人或消防安全管理人应到现场指挥，并指定安全监护人员进行监督，动火人员必须按动火审批的具体要求作业；制定针对性的防范措施，作业场所应增设消防器材，随时做好灭火准备。

未经批准、无监护人在场、防护措施不落实时，严禁进行动火作业。

2. 拆卸拿离设备、管道、附件至安全地方

在可能的情况下，尽量将禁火区内需要动火的能拆卸拿离的设备、管道及其附件，从主体上拆下来，拿到安全地方动火，作业完后再装回原处。但应注意拆离的设备、管道及其附件内积有油污或残渣的，仍应按规定和要求进行清洗。

对于不能停止作业的机泵，又不能将其移出泵房外，工作机泵工作时不得检修作业。

3. 隔离、遮盖、清理动火设备

将动火的设备、管道及其附件和相关联的运行系统作有效的隔离，如在管道上加堵盲板、加封头或拆掉一节管子等，隔绝液体物料或蒸气进入动火作业点。

凡是火花可能达到之处的易燃易爆物品应移至安全地方，不能转移的物品应严密遮盖，特别应注意高处作业安全，因电火花随风飘曳或碰到物体进行二次抛溅，溅落点很难判定。

有油污的设备或地面要擦拭清除。修理加油机、拆机泵、油气分离器和管道时，要防止物料流出，形成火灾隐患。在修理电气设备之前，必须把油气清除干净，防止电火花点燃可燃蒸气。

4. 分析、检测、控制可燃物含量

动火之前应进行气样分析，判断有无爆炸危险，或用测爆仪在人孔、测量孔等孔口，以及罐内低凹和容易积聚油气的死角处，检测油气浓度。特别要注意升降管、放油口、罐底焊缝不良处可能存积油污。检测最好用两台以上测爆仪同时进行，以防因测爆仪失灵出现假象。气体允许浓度以低于该物料爆炸下限的 50% 为合格。对测爆正常但未及时动火的设备，在开始动火之前仍需重新进行测查，以防意外。

在容器内检修动火作业，还需进行氧含量分析，氧含量应为 18%～21%，毒物含量应符合《工业企业设计卫生标准》GBZ1—2010 的规定。

5. 严格检修作业的安全操作

修理工必须按规定穿戴好劳动保护用品，储罐作业时不能多处动火，高处作业时不能上下同时动火。工作间歇时，焊枪应从罐内移出。不能将氧气、乙炔气瓶放在动火点下方，氧气瓶、乙炔瓶之间应有 5 m 以上的安全间距，与火源保持 10 m 以上的距离。氧气瓶内的剩余压力应不低于 0.15 MPa，防止乙炔压力大于氧气压力，乙炔通过焊、割炬的混合室倒灌到氧气瓶中发生爆炸。

6. 动火结束后清理现场

动火结束后，应关掉电源、气源，搬离动火设备，熄灭余火，由监护人员和动火人员共同对现场进行检查和清理，凡火花可能涉及的地方都要进行仔细的检查，并要有人员留守观

察一段时间，经消防安全责任人或消防安全管理人确定安全后方可离开。检修动火时间过长，中途休息离开时也要进行现场检查清理。

【能力提升训练】

案例：2007年11月24日，位于上海浦东杨高南路、浦三路口的某加油站发生爆炸事故，造成4人死亡、40多人受伤。爆炸发生时共有3名男性工人参与储气罐检修作业。操作中施工人员需要对位于地面下的储气罐进行加压，但储罐罐内残留部分油气，加上施工人员加压过度储气罐遂发生爆炸。上海市安全生产监督局等部门组成的事故联合调查组，26日下午确定上海浦三路汽油加注站爆炸事故原因，是在停业检修过程中，现场施工人员违章作业，在未对与管道相同的2号储气罐进行有效安全隔离情况下，用压缩空气对管道实施气密性实验，导致该储气罐内未经清洗置换的液化石油气与压缩空气混合，引起化学爆炸。

根据本节课相关知识点，为该加油站制定检修作业的防火防爆安全技术措施。

【归纳总结提高】

1. 加油站罐车装卸作业的防火防爆安全技术措施有哪些？
2. 加油站加油作业的防火防爆安全技术措施有哪些？
3. 加油站设备清洗作业的防火防爆安全技术措施有哪些？

项目四　天然气长输管道的防火与防爆

【学习目标】

掌握天然气火灾爆炸危险性、天然气长输管道火灾爆炸特点、天然气长输管道火灾爆炸危险点分布，能够制定天然气长输管道有效的防火防爆安全技术措施。

【知识储备】

天然气是一种十分重要的化工原料，同时也是一种清洁、高效的能源，其对我国经济发展有着重要作用。天然气管道是指将天然气（包括油田生产的伴生气）从开采地或处理厂输送到城市配气中心或工业企业用户的管道，由于输送距离长，有时又称天然气长输管道。

随着社会的发展，我国对天然气的需求量不断上升，输送管道的压力、口径、里程大幅增加，进而天然气管道发生火灾爆炸的风险也在不断提高。因此，天然气的长输管道运行的安全性成为重点内容，尤其是在防火防爆方面。

一、天然气火灾爆炸危险性

天然气长输管道输送的介质主要成分为甲烷，其火灾爆炸危险性有三点。

1. 易燃易爆性

甲烷在空气中的爆炸极限为 5%～15%（体积分数），根据《常用危险化学品的分类及标志》（GB 13690—2009）描述：甲烷属于易燃气体，与空气混合能形成爆炸性混合物，遇明火、高热会引起燃烧爆炸。根据《石油天然气工程设计防火规范》（GB 50183—2015）中石油天然气火灾危险性分类，天然气火灾危险等级为甲 B 类，爆炸危险组别为 T1、级别为 ⅡA。

2. 热膨胀性

天然气具有一定的热膨胀性，含有天然气的压力容器（管道）遇高热有容器（管道）开裂和爆炸的危险。

3. 易扩散性

天然气的密度比空气小，有良好的扩散性。研究表明，高压天然气管道发生泄漏，空气中天然气 5%浓度边界距泄漏点最远可达数十米，1%浓度边界最远可达上百米。因此，良好的扩散性增大了泄漏后发生火灾或爆炸的危险空间范围，显然危险性随之增大。

二、天然气长输管道火灾爆炸特点

1. 扩散燃烧（射流火）

高压管道内的天然气发生泄漏，泄漏的天然气喷射到空气中，在泄漏点上方形成一个天然气浓度向外逐渐降低的高斯烟羽模型状区域。泄漏点天然气的流速可达亚音速甚至超音速，并在远离泄漏点方向上其流速迅速降低。泄漏的天然气扩散到空气中，遇火源发生燃烧，此种燃烧为典型的扩散燃烧。但由于火焰传播速度远低于泄漏点天然气流速，燃烧成喷射状，在管道泄漏点上方一定距离处形成射流火焰，近似成平截头圆锥体状。例如天然气站场放空火炬燃烧，这种燃烧火焰高，强度大，不易扑灭。

2. 动力燃烧（爆炸或者爆轰）

天然气管道或装置一旦失效，发生泄漏，短时间内泄漏的天然气并未遇火源燃烧，而是很快弥漫在管道或工艺装置周围，与空气混合形成爆炸性混合气（处在爆炸极限范围内），一旦遇到点火源，即发生动力燃烧，表现为爆炸或者爆轰。天然气爆炸（轰）波的传播速度可达 1 000～4 000 m/s，形成的初始冲击波面压力可达 100～200 MPa，能对爆炸点周围的建构筑物产生强烈的机械破坏作用，当人员接触峰值压力超过 0.075 MPa 的冲击波时，就会当场死亡。

3. 热伤害效应大

天然气的热值很高，平均达 33 MJ/m³，燃烧温度可达 2 000 ℃ 以上。大量天然气发生燃烧或者爆炸，短时间内释放大量热量，迅速向外传递，会对燃烧或爆炸点周围一定半径内产生巨大热破坏，造成人员、牲畜、建筑物的伤害。若发生火灾周围存在其他可燃气体、液体管道，可能引发相邻管道的失效破坏

4. 易引发管网连锁爆炸

当管道内因负压、空气置换不彻底等原因，致使空气混入管道内，与天然气形成了爆炸

性混合物，一旦引燃，即可能发生全管段的超压物理性爆炸。在天然气站场内，由于管道连接着各种设备，管道发生火灾，会造成整个系统发生连锁反应，事故迅速蔓延和扩大。

三、天然气长输管道火灾爆炸危险点分布

天然气长输管道由线路（包括穿跨越、隧道等）和站场阀室组成。现阶段，管道站场和重要阀室基本实现了有人值守，而管道线路由于输送距离过大，一般无专人值守，同时管道穿越的地区地貌多样、气候多变。因此，管道线路上存在较大消防安全风险，易出现管道破坏而天然气泄漏，发生火灾爆炸事故。

1. 站场阀室火灾危险点分布

引发站场阀室火灾事故的主要因素为站内管道破裂、站场设备故障和设备泄漏等。

（1）站内管道。

站内管道弯头、焊缝较多，且部分埋于地下，虽一般会采用牺牲阳极的阴极保护防腐措施，但腐蚀现象仍然存在。若不能及时发现并处理腐蚀的管道，有可能导致其腐蚀穿孔或应力开裂，导致天然气泄漏，引发火灾爆炸。

（2）站内设备。

站内设备主要有阀门、压力容器、压缩机等，存在着大量的密封点。

由于工艺操作压力较高，且有一定波动，再加上设备本身选型或者制造缺陷，可能造成设备密封点处泄漏或者设备本体失效，发生天然气大量泄漏，从而引发火灾。

（3）仪表。

现场仪表是数据采集与监视控制（SCADA）系统和紧急切断（ESD）系统控制的关键。当仪表故障或测量误差过大，会造成设备误动作或损坏设备；而仪表本身也是密封、强度的薄弱环节，自身易出现泄漏等现象。

（4）废气排放。

站内设备运行（如压缩机干气密封系统就地放空）、压力容器超压、阀门排污或者进行清管等作业时会排放一定量的天然气到空气中，当这些废气与空气混合也可能存在爆炸危险。

（5）固体废物。

由于天然气中含有少量硫化氢和水蒸气，会造成管道和设备内壁腐蚀，产生硫化亚铁。而硫化亚铁具有自燃性，在空气中能迅速氧化燃烧。清管收球作业时若不采用湿式作业，则很有可能引燃天然气和空气混合物，造成火灾爆炸。

2. 线路火灾爆炸危险点分布

（1）自然灾害。

山区、丘陵、水网、平原地段，地貌多样，气候多变，地质水文条件复杂。管道沿线极易发生洪汛、地面沉降、滑坡、崩塌、泥石流、雷击、冰冻、地震、台风、森林火灾等自然灾害。

（2）第三方施工破坏。

管道线路长、分布广，平原区域人类活动频繁，山区巡护难度大，人类活动具有隐蔽性。

（3）腐蚀。

管道存在防腐缺陷，埋地管道受温度、化学物质、杂散电流等影响，腐蚀穿孔引发天然气泄漏。

四、天然气长输管道防火防爆安全技术措施

火灾预防应坚持"预防为主，防消结合"的方针，坚持消防安全工程要与管道主体工程同时设计、同时建设和同时投入使用的"三同时"原则。天然气管道防火防爆可分为前期预防、初期探测及后期扑救等3个阶段，并渗透到设计、施工建设和运行管理各环节中。

1. 前期预防

前期预防即指采用密闭输送方式，并采用本质安全设计消除管道内天然气发生泄漏或者管道内混入空气，生产厂区使用防爆电气设备等措施消除火种，使得天然气的燃烧或爆炸不具备基本条件，从而达到防火防爆的目的。

（1）设计阶段。

严格按照《输气管道工程设计规范》（GB 50251—2015）及《石油天然气工程设计防火规范》（GB 50183—2015）等国家标准及行业标准进行管道的强度设计、路由选择、防腐处理、总平面布置及防火防爆和防雷防静电设计等，以达到管道本质安全设计的要求，从设计上避免管道及设备发生破裂失效造成天然气泄漏。

（2）施工建设阶段。

施工建设过程极易造成管道本体损伤等现象，给投产运行期间留下隐患，所以施工建设阶段应该严格按照《油气长输管道工程施工及验收规范》（GB 50369—2014）进行施工和验收，保证施工质量。

（3）运行管理阶段。

天然气长输管道自投产运行起，其火灾爆炸危险性便随之产生，所以在管道设计和施工的基础上，运行管理阶段在天然气火灾爆炸预防上显得尤为重要。一般天然气长输管道在运行管理阶段主要从7个方面进行预防。

① 用火作业管理。

所谓"用火作业"系指在具有火灾爆炸危险场所内进行的施工过程，如焊接、烘烤、切割、使用非防爆电器等。对用火作业要实行严格管理，采用票证管理、分级审批、气体环境分析、双岗监护及领导带班作业等措施，实行"三不用火"规定（指没有经批准的"用火作业许可证"不用火，防火措施不落实不用火，用火监护人不在现场不用火），严格控制用火作业的风险，从而将天然气火灾爆炸的危险性降到最低。

② 消防管理。

天然气长输管道所有站场均安装设置火灾报警系统，按标准配备灭火器材等消防设施，在大型站场（如压气站）设置消防水系统，实现工艺装置区、生活区消防水、灭火器全覆盖。同时，建立防火档案，设置防火标志，确定火灾危险源（点），实行严格的管理；结合岗位职责，实行防火巡检；定期对职工进行消防安全培训；制定灭火和应急疏散预案，定期组织消防演练等。此外，定期对火灾自动报警系统、消防灭火系统进行日常检查、维护保养和定期检测，以确保消防系统完好。

③ 超限保护。

超压、超限运行有可能造成管道、设备等失效，导致天然气泄漏。压力管道、压力容器上均安装压力安全泄放阀，一旦超压便自动泄放；同时通过 SCADA 系统实现对压力、温度等参数的实时监测，具备自动联锁保护功能，一旦出现压力、温度异常可采取截断、停机、放空等动作，消除压力、温度超限带来的破坏作用。

④ 设备检维修。

天然气站场所用的工业阀门、仪表、压力容器等设备较多，而设备本体及连接处的动、静密封点数量众多，例如一个普通压气站，其动、静密封点可达 5 000～6 000 之多，而所有密封点均有存在天然气泄漏的风险，故加强日常巡检的检漏及定期对设备进行检维修尤为重要。巡检人员随身携带可燃气体报警仪及装有肥皂水的喷壶，对主要设备密封点进行检漏；每年春季及秋季两次对所有设备进行集中检维修和保养，如对所有阀门进行排污、注脂等，有效防止设备外漏。

⑤ 防雷防静电。

按照《石油天然气工程设计防火规范》（GB 50183—2015）等标准要求，在站场阀室等装置区要加强防雷防静电的防护，可采用埋设接地网、安装接地线等措施，同时按要求每半年进行接地电阻的测试，及时整改不合格点，保证接地保护有效。

⑥ 防腐及检测。

管道防腐主要是采取外防腐层保护和阴极保护相结合的措施。例如：加强恒电位仪等阴保设备的运行管理和管道阴保测试，延缓管道腐蚀速度；通过对全线管道的外防腐层检测及时发现并修补防腐层缺陷点；通过发送漏磁和几何内检测器掌握管道焊接缺陷点、金属损伤缺陷点分布情况，及时采取措施修补，消除管道缺陷带来的天然气泄漏的火灾爆炸的隐患。以上措施可有效延长管道使用寿命，即可降低管道因腐蚀失效造成的天然气泄漏及火灾爆炸的危险性。

⑦ 线路巡护。

由于长输管道线路较长，且存在较多危险因素，如地质灾害、第三方施工、恐怖破坏等，均有可能造成管道破坏而发生天然气火灾爆炸事故，且从行业内事故统计来看，长输天然气管道的火灾爆炸事故多发生在线路上，所以加强管道巡护力度，及时发现并制止威胁管道安全的行为，是管道运行管理的一项必要内容。例如：可建立管理处、巡线队和属地巡线员三级管道巡护机制，执行分段承包制度，并利用 GPS 巡检机等设备来不断提高管道巡护到位率，以保证及时发现和制止威胁管道安全的第三方施工、地质灾害等，以降低管道火灾爆炸的危险性。

2. 初期探测

天然气燃烧或爆炸的形成必须具备 3 个条件，即泄漏的天然气、与空气混合形成爆炸混合气、点火源。虽然人们无法左右空气，但点火源可在前期预防中控制并消除，所以此阶段控制的重点就在于泄漏天然气的探测。有时微小的泄漏可能引发较小的火焰，而第一时间探测到小火，并及时扑灭，是抑制火灾扩大甚至爆炸的重要环节。因此，要求天然气的站场阀室在设计和建设阶段应配备火灾报警系统，安装可燃气体探测报警仪及火焰探测仪，并实现远传和联动；在运行管理阶段，加强对火灾报警系统的维护，定期进行测试，确保其运行良好。

3. 后期扑救

泄漏的天然气一旦燃烧或爆炸引发火灾，第一时间控制火势并设法扑灭，将大大减少其造成的损失。因此，火灾扑救的方法是否得当至关重要。由于长输管道天然气的火灾爆炸具有上述特点，决定了管道天然气火灾扑救难度大，且研究起来困难。国内外学者对天然气射流火、井喷火灾及灭火方法进行了大量研究，提出了扑救天然气火灾的方法，主要有：

（1）细水雾法。

通过一些学者的研究发现，细水雾法灭火的机理主要是冷却火焰，应用该原理研制的灭火器材有便携式细水雾灭火器和细水雾灭火车等，并在实际天然气火灾扑救中得到了应用，在控制火势和扑灭火灾上都有一定效果。

（2）水枪交叉灭火法。

通过多支水枪对准火焰根部喷射，利用隔绝可燃物与火源的原理达到灭火，此种方法被利用到了气田井喷火灾扑救上，对以射流火形式为主的管道天然气火灾具有指导意义。

【能力提升训练】

案例：2000 年美国天然气输气管道火灾事件。2000 年 8 月 19 日凌晨，美国新墨西哥州一条向加利福尼亚输送天然气，埋在地下 2 米多深的输气管道在距佩科斯河 150 m 处出现了破裂而造成泄漏，继而引发爆炸与大火。爆炸炸出了一条长 25 m、深 6 m 的大坑。爆炸发生时，一个 12 口之家，正在附近露营，当场被炸死 6 人，4 人在被送医院后死亡，2 人重伤。爆炸后的大火火焰在 32 km 之外都可以看见。

根据本节课所学知识或参考相关资料，试分析天然气长输管道火灾爆炸特点，并提出有效的天然气长输管道的防火防爆安全技术措施。

【归纳总结提高】

1. 天然气火灾爆炸危险性有哪些？
2. 天然气长输管道火灾爆炸特点有哪些？
3. 天然气长输管道火灾爆炸危险点分布有哪些？
4. 总结天然气长输管道的防火防爆安全技术措施。

项目五　其他危险场所的防火与防爆

【学习目标】

了解油库的火灾爆炸危险性，掌握油库的防火防爆安全技术措施；掌握气瓶库的防火防爆安全技术措施；掌握焊接动火场所的防火防爆安全技术措施；掌握服装厂的防火防爆安全技术措施。

一、油库

1. 油库的火灾爆炸危险性

油库储存的石油产品如汽油、柴油和煤油等，具有易挥发、易燃烧、易爆炸、易流淌扩散、易受热膨胀、易产生静电以及易产生沸溢或喷溅的火险特性。有的油品如汽油的闪点很低，为-39℃，在天寒地冻的严冬季节仍存在发生燃爆危险，即低温火灾爆炸的危险性。

油库发生着火爆炸的主要原因有。

① 油桶作业时，使用不防爆的灯具或其他明火照明。

② 利用钢卷尺量油、铁制工具撞击等碰撞产生火花。

③ 进出油品方法不当或流速过快，或穿着化纤衣服等，产生静电火花。

④ 室外飞火进入油桶或油蒸气集中的场所。

⑤ 油桶破裂，或装卸违章。

⑥ 维修前清理不合格而动火检修，或使用铁器工具撞击产生火花。

⑦ 灌装过量或日光曝晒。

⑧ 遭受雷击，或库内易燃物、油桶内沉积含硫残留物质的自燃，通风或空调器材不符合安全要求出现火花等等。

2. 油库的分类

① 根据油品火灾危险性的主要标志—闪点，《建筑设计防火规范》（GB 50016—2014）将油品按储存的要求分甲、乙、丙三类，见表6-2。

表6-2　油品储存分类

规范名称	类别		油品闪点	举例
建筑设计防火规范	甲		<28℃	汽油、丙酮、石脑油、苯、甲苯、戊烷等
	乙		28～<60℃	煤油、松节油、溶剂油、丁醚、樟脑油等
	丙		≥60℃	沥青、蜡、润滑油、机油、重油、闪点>60℃的柴油等
石油库设计规范	甲		<28℃	原油、汽油等
	乙		28～<60℃	喷气燃料、灯用煤油、-35号轻柴油等
	丙	A	60～120℃	轻柴油、重柴油、20号重油等
		B	>120℃	润滑油、100号重油等

② 按油库容量的大小分成四级，如表6-3所示。

表6-3　石油库容量分级

等级	总容量/m³
一级	≥50 000
二级	>10 000～<50 000
三级	>2 500～<10 000
四级	>500～<2 500

3. 油库防火与防爆措施

① 仓库应为耐火材料建造的单层建筑，其耐火等级和建筑面积见表 6-4。油库内的建构物耐火等级见表 6-5。

6-4 桶装库房的耐火等级和建筑面积

油品闪点 °C	仓库耐火等级	建筑面积/m²	防火隔墙间面积/m²
< 28	一、二级	750	250
28 ≤ ~ < 60	一、二级	1 000	—
	三级	500	—
≥ 60	一、二级	2 100	—
	三级	1 200	—

6-5 油库内建、构筑物的耐火等级

建、构筑物名称	油品类别	耐火等级
油库房（棚）、阀室（棚）、灌油间、铁路装卸油品栈桥和暖库	甲、乙	二级
	丙	三级
桶装油品仓库及散棚	甲	二级
	乙、丙	三级
消防泵房、化验室、计量室、仪表间、变配电间、修洗桶间、润滑油再生间、柴油发电机间、铁路装卸油品栈桥、高架罐支座（架）、空压机间、汽车油槽车间、消防车库	—	二级
油浸式电力变压器室	—	一级
机修间、器材库、水泵房、汽车库	—	三级

② 库内地面应不渗漏油品和用不发火的材料铺设。应有 1%的坡度，坡向库外集油沟或集油井。

③ 库房面积在 100 m² 以上，储存汽油等轻质油品，以及面积超过 200 m² 储存润滑油品的库房，最少要有两个大门，门的宽度不应小于 2.01 ~ 2.10 m，并且库内通行道上任一位置到最近的一个大门的距离不大于 30 m（轻质油库）或 50 m（润滑油库）。

④ 库房采用室外布线，库内应采用防爆型灯具和密闭式开关。

⑤ 库房应有良好的自然通风，通风孔应有防止飞火进入的防护装置。采用机械通风时，通风机壳和叶轮应用不产生火花的有色金属制作。

⑥ 进入库内不应穿带有金属钉子的鞋，应穿防静电的工作服，严禁穿化纤衣服。库内的

操作工具应用铜制或铍铜合金等有色金属制造。工作完毕应切断电源。

⑦ 为防止油品流散和便于扑救工作，火灾危险性较大的油品堆码层高度应小些。甲类桶装油品堆码高度不应超过两层，乙类及丙类桶装油品不应超过三层，丙B类桶装油品不应超过四层。

桶装油品仓库单位建筑面积储存容量见表6-6。

表6-6　桶装油品仓库单位面积储存容量

堆码层数，层	单位面积桶数/桶·m^{-2}	单位面积容量/m^3·m^{-2}
一	1.0	0.2
二	1.8～2.0	0.36～0.4
三	2.5	0.5
四	3.0	0.6

⑧ 油桶灌装油品的数量，应按季节气候情况确定，一般油桶的灌装系数保持93%～95%。在不同季节，200 kg标准油桶的油品灌装量见表6-7。

表6-7　桶装油品灌装量　　　　　　　　　　　　　　kg

油品	夏秋季	春冬季	油品	夏秋季	春冬季
车用汽油	138	140	"0"号轻柴油	160	160
工业汽油	140	142	"10"号轻柴油	162	162
120号溶剂汽油	136	138	重柴油	175	175
200号溶剂汽油	140	142	农用柴油	175	175
煤油	158	158	润滑油	170	170

⑨ 其他有关控制着火源的具体措施详见本书其他章节。

二、气瓶库

1. 压缩与液化气瓶库

这类气瓶库主要储存氧气瓶、氢气瓶、氮气瓶、氩气瓶和氦气瓶等压缩气瓶，以及液化石油气瓶、二氧化碳气瓶等液化气瓶。其防火防爆要求和措施如下。

① 气瓶库应为单层建筑，其耐火等级不低于二级。

② 装有压缩或液化气体的气瓶库和相邻的生产厂房、公用和居住建筑以及铁路公路之间的安全间距应当符合表6-8的规定。

表 6-8　压缩或液化气体气瓶库的安全间距

仓库容量（换算为 40 m³ 的气瓶数）	距离对象	间距/m，≥
≤500 瓶	装有其他气体的气瓶仓库及生产厂房	20
>500≤1 500 瓶	装有其他气体的气瓶仓库及生产厂房	25
>1 500 瓶	装有其他气体的气瓶仓库及生产厂房	30
无论仓库的容量多大	住宅	50
无论仓库的容量多大	公共建筑物	100
无论仓库的容量多大	铁路干线	50
无论仓库的容量多大	厂内铁路	10
无论仓库的容量多大	公用公路	15
无论仓库的容量多大	厂内公路	5

③ 库内温度不得超过 35 ℃，可燃易爆气瓶库严禁明火取暖。地板应采用不产生火花的材料（如沥青混凝土），库房高度自地板至垛口不得小于 7.5 m。

储存气体的爆炸极限 <10% 时，仓库应设置易掀开的轻质顶盖，或设置必要的泄压面积。

④ 气瓶仓库的最大容量不应超过 3 000 瓶，并用耐火墙分隔成若干小间。每间限贮可燃气体 500 瓶，氧气及不燃气体 1 000 瓶。两个小间的中间可开门洞，每间应有单独的出入口。

⑤ 相互接触后有可能引起燃烧爆炸的气瓶（如石油气、氢气）及油质一类物品，不得与氧气瓶一起存放。如需在同一建筑物内存放时，应以无门、窗、洞的防火墙隔开。存放易燃气体气瓶的库房，如果室内装有电气设备，应采用防爆安全型。

2. 溶解气瓶库

溶解气瓶库（以乙炔为例）应注意下列安全要求。

① 乙炔瓶库与建筑物和屋外变、配电站的防火间距不应小于表 6-9 的规定。乙炔瓶库与铁路、道路的防火间距，库房结构，建筑耐火等级，库内电器装置以及与氧气瓶同库储存时的安全要求同电石库。

表 6-9　乙炔瓶库与其他建筑物的防火间距　　　　　　　　　　　　　　　　　　m

乙炔实瓶储量，个	其他建筑耐火等级			与民用建筑，屋外变、配电站的间距
	一、二级	三级	四级	
≤1 500	12	15	20	25
>1 500	15	20	25	30

当气瓶与散热器之间的距离小于 1 m 时，应采取隔热措施，设置遮热板以防止气瓶局部受热。遮热板与气瓶之间，遮热板与散热器之间的距离均不得小于 100 mm。

② 乙炔瓶库可与氧气瓶库布置在同一建筑物内，但仍需以无门、窗、洞的防火墙隔开。

③ 乙炔瓶库的气瓶总贮量（实瓶或实瓶、空瓶贮量）不应超过 3 000 个，其中应以防火墙分隔，每个隔间的气瓶贮量不应超过 500 个。

④ 乙炔瓶库严禁明火采暖。集中采暖时，其热管道和散热器表面温度不得超过 130 ℃，库房的采暖温度应≤10 ℃。

三、焊割动火场所

化工、炼油和冶炼等具有高度连续性生产特点的企业，有时还会在高温高压下对容器与管道进行焊接抢修，稍有疏忽就会酿成爆炸、火灾和中毒事故。因此对燃料容器与管道焊补操作采取切实可靠的防爆、防火与防毒技术措施，对安全生产有着重要意义。

1. 发生火灾、爆炸事故的一般原因

燃料容器与管道的焊补，目前主要有置换动火与带压不置换动火两种方法。其发生火灾、爆炸事故的主要原因有以下几种。

① 焊接动火前对容器内可燃物置换得不彻底，或取样化验及检测数据不准确，或取样检测部位不适当，结果在容器管道内或动火点周围存在着爆炸性混合物。

② 在焊补操作过程中，动火条件发生了变化。

③ 动火检修的容器未与生产系统隔绝，致使易燃气体或蒸气互相串通，进入动火区域；或是一面动火，一面生产，互不联系，在放料排气时遇到火花。

④ 在尚具有燃烧和爆炸危险的车间、仓库等室内进行焊补检修。

⑤ 烧焊未经安全处理或未开孔洞的密封容器。

2. 置换动火的安全措施

置换动火就是在焊补前实行严格的惰性介质置换，将原有的可燃物排出，使容器内的可燃物含量降低至不能形成爆炸性混合物，保证焊补操作的安全。

置换动火是人们从长期生产实践中总结出来的经验，是比较安全妥善的方法，在检修动火工作中一直被广泛采用。其缺点是容器需暂停使用。以惰性气体或其他惰性介质进行置换，置换过程中要不断取样分析，直至可燃物含量达到安全要求后才能动火。动火以后在投产前还要再置换。这种方法手续多，耗费时间长，影响生产。此外，如果系统设备的弯头死角和支权较多，往往不易置换干净而留下隐患。为确保安全，必须采取下列安全技术措施，才能有效地防止爆炸着火事故的发生。

（1）安全隔离。

燃料容器与管道停止工作后，通常是采用盲板将与之连接的出入管路截断，使焊补的容器、管道与生产部分完全隔离。为了有效地防止爆炸事故的发生，盲板除必须保证严密不漏气外，还应保证能耐管路的工作压力，避免盲板受压破裂。为此，在盲板与阀门之间应加设放空管或压力表，并派专人看守，否则应将管路拆卸一节。有些短时间的动火检修工作可用水封切断气源，但必须有专人在场看守水封溢流管的溢流情况，防止水封失效。

安全隔离的另一种措施是在厂区和车间内划固定动火区。凡可拆卸并有条件移动到固定动火区焊补的物件，必须移至固定动火区内进行，从而尽可能减少在车间和厂房内的动火工作。固定动火区必须符合下列防火与防爆要求。

① 无可燃物管道和设备，并且其周围距易燃易爆设备、管道 10 m 以上。

② 室内的固定动火区与防爆的生产现场要隔离开，不能有门窗、地沟等串通。

③ 在正常放空或一旦发生事故时，可燃气体或蒸气不能扩散到固定动火区。

④ 要常备足够数量的灭火工具和设备。

⑤ 固定动火区内禁止使用各种易燃物质，如易挥发的清洗油、汽油等。

⑥ 周围要划定界线，并有"动火区"字样的安全标志。

⑦ 在未采取可靠的安全隔离措施之前，不得动火焊补检修。

（2）严格控制可燃物含量。

焊补前，通常采用蒸气蒸煮，接着用惰性介质吹净等方法将容器内部的可燃物质和有毒性物质置换排出。常用的置换介质有氮气、二氧化碳、水蒸气或水等。

在置换过程中要不断地取样分析，严格控制容器内的可燃物含量达到合格量，以保证符合安全要求，这是置换动火焊补防爆的关键。在可燃容器外焊补，操作者不进入容器，容器内部的可燃物含量不得超过爆炸下限的 1/5；如果确需进入容器内操作，除保证可燃物不得超过上述的含量外，由于置换后的容器内部是缺氧环境，所以还应保证含氧量为 18% ~ 21%，毒物含量应符合《工业企业设计卫生标准》的规定。

未经置换处理，或虽已置换而分析化验气体成分尚未合格的燃料容器，均不得随意动火焊补。

（3）容器清洗的安全要求。

置换作业后，容器的里外都必须仔细清洗，特别应当注意有些可燃易爆物质被吸附在容器内表面的积垢或外表面的保温材料中，由于温差和压力变化的影响，置换后也还会陆续散发出来，导致焊补操作中容器内可燃气浓度发生变化，形成爆炸性混合物而发生爆炸着火事故。

（4）空气分析和监视。

在置换作业过程中和检修动火开始前 0.5 h 内，必须从容器内外的不同地点取混合气样品进行化验分析，检查合格后才可开始动火焊补。而且在动火过程中，还要用仪表监视。除了可能从保温材料中陆续散发出可燃气体外，有时虽经清水或碱水清洗过，焊补时也会爆炸。这往往是由于焊接的热量把底脚泥或桶底卷缝中的残油赶出来，蒸发成可燃蒸气而爆炸。所以焊补过程中需要继续用仪表监视，发现可燃气浓度上升到危险浓度时，要立即暂停动火，再次清洗直到合格为止。

（5）打开容器。

动火焊补时应打开容器的人孔、手孔、清洗孔和放散管等。严禁焊补未开孔洞的密封容器。进入容器内动火气焊时，点燃和熄灭焊枪的操作均应在设备外部进行，防止过多的乙炔气聚集在设备内。

（6）安全组织措施。

① 在检修动火前必须制定计划，计划中应包括进行检修动火作业的程序、安全措施和施工方案。施工前应与生产人员和救护人员联系，并应通知厂内消防队。

② 在工作地点周围 10 m 内应停止其他用火工作，并将易燃物品移到安全场所，电焊机的二次回路线及气焊设备的乙炔胶管要远离易燃物，防止操作时因线路发生火灾或乙炔胶管漏气而起火。

③ 检修动火前除应准备必要的材料、工具外，还必须准备好消防器材。在黑暗处或在夜间工作，应有足够的照明，并准备好带有防护罩的手提低电压（12 V）灯等。

3. 带压不置换动火的安全措施

带压不置换动火，目前在燃料油和燃料气容器、管道的焊补中都有采用。主要是严格控制氧含量，使可燃气体浓度大大超过爆炸上限，从而不能形成爆炸性混合物；并且在正压条件下让可燃气以稳定不变的速度，从容器的裂缝向外扩散逸出，与周围空气形成一个燃烧系统，并点燃可燃气体。只要以稳定条件保持这个扩散燃烧系统，即可保证焊补工作的安全。

带压不置换法不需要置换容器原有的气体，有时可以在不停车的情况下进行（如焊补气柜），需要处理的手续少，作业时间短，有利于生产。但是它的应用有一定局限性，只能在容器外面动火，而且需在连续保持一定正压的条件下进行。没有正压就不适用，因为无法肯定容器内是否为负压、有无进入空气等，而且在这种情况下取样分析也不可能准确反映系统的气体成分。

四、服装厂

服装厂生产过程的火灾危害性部位主要来自：生产设备的打火、原料的选择、整烫及其他工艺流程中火源电源的管理等。可以说，做好重点部位的防火工作，整个安全生产工作就有了保障。

1. 建筑防火要求

（1）服装生产属丙类生产。厂房的耐火等级、防火间距等应按丙类生产设计。

（2）生产厂房、原料、半成品、成品库和生产区，应分别布置，不应混连或并为一系。

（3）厂房及库房内要设良好的通风装置。库房内应经常保持阴凉干燥，防止物资蓄热自燃。厂房内要保持较高的相对湿度，以防止废絮、线绒、布屑等飞扬。

2. 设备防火要求

（1）机台布置要合理，横向相隔两行，纵向相隔十排，即需留出不少于 2 m 宽的纵横相连的通道，四周要留出不少于 1.2 m 宽的墙距，不能在通道上和墙距里堆码原料或成品。

（2）生产车间和储存原料及成品的仓库内禁止一切明火。

（3）车间、库房内的电气设备宜采用防潮封闭型的，要加防护外罩。总开关应设在车间、库房的门外。进入车间、库房的动力、照明电线束或电缆束，应穿套软塑管或硬塑管。电气设备要有良好的保护接地或接零。

（4）电气和机械设备要加强维修，定期检修，使用额定功率，保障正常运行。高速转动的轴、轮等部位要定期按时注入润滑剂。

（5）各种型号的烫熨设备和电熨斗，应有温度调节自控装置，熨斗通电时应有显示的标志。熨斗暂停使用时，要放在用非可燃材料制成的托架上。烫熨结束后必须指定专人及时断开电源，将熨斗全部收存在金属铁皮箱内）并在下班后由专人负责进行认真检查。

3. 加强防火安全管理

（1）对棉、布、绒毛等原料，要认真进行加工前的检验，防止把硝、磷、火柴、铁屑、砂粉等杂物带入加工工序。

（2）建立与健全岗位防火责任制，并及时清除废絮、布屑等杂物。

（3）对长期堆放的棉花，为防止其受潮蓄热自燃，要注意经常检查棉堆内部的温度，如遇温度升高，应翻垛散热。

（4）设置与生产情况相适应的消防装置和灭火器材。棉花堆垛着火时，要用泡沫液、直流水等对棉花有渗透性的灭火剂扑灭，并在灭火后仔细检查堆垛内部深处有无持续阴燃的现象。

（5）服装生产中的新工艺、新材料、新设备、新技术应用，推动了服装业的发展，但必须制定相应的防火措施（如整烫机、粘合机等使用中的防火措施）；要注意太空棉、防燃服等生产工艺中的防火问题，同时注意工艺生产中新能源的应用随之产生的特殊防火要求。

【能力提升训练】

案例：2012 年 11 月 25 日晚，孟加拉国都达卡西北部郊区一家制衣厂发生火灾。该服装厂位于达卡以北 30 km 处，隶属于孟加拉国塔兹琳服装公司，该公司为沃尔玛、家乐福等多家大型起市提供成衣。大火先在位于 9 层厂房一楼的仓库燃起，当时数百名工人被困楼上。而在大火燃烧 4 个多小时后，消防人员才赶到现场。事故至少造成 121 人死亡，多人受伤，另有数十人失踪。这是该国近年来发生的最严重的一起工业火灾事故。

根据本节课相关知识点，你认为服装厂的防火防爆安全技术措施有哪些？

【归纳总结提高】

1. 油库的防火防爆安全技术措施有哪些？
2. 气瓶库的防火防爆安全技术措施有哪些？
3. 焊割动火场所发生火灾、爆炸事故的一般原因有哪些？

课题七 专项技能实训项目

实训一 可燃性液体闪点的测定

【实验目的】

（1）通过实验直观认识可燃液体的闪点。

（2）明确闪点的实用意义，重点是闪点对可燃液体火灾的重要意义。

（3）掌握实验测量的原理和开口杯、闭口杯测量闪点的方法。

（4）熟练使用开（闭）口闪点全自动测量仪测量液体的开（闭）口闪点，并掌握混合液体的闪点的变化规律。

【实验原理】

1. 闪燃和闪点

研究可燃液体火灾危险性时，闪燃是必须掌握的一种燃烧类型。闪燃，是指可燃液体遇火源后，在其表面上产生的一闪即灭（少于 5 s）的燃烧现象。闪燃的发生是可燃液体着火的前奏，是火险的警告。在规定的实验条件下，可燃液体表面能产生闪燃的最低温度，即为闪点。闪点是衡量可燃液体火灾危险性的重要依据。闪点越低，液体火灾危险性越高。闪点是可燃液体火灾危险性的分类、分级标准：

甲类危险可燃液体：闪点 < 28 ℃

乙类危险可燃液体：28 ℃≤闪点 < 0 ℃

丙类危险可燃液体：闪点≥60 ℃

油品根据闪点划分，在 45 ℃ 以下叫易燃品；45 ℃ 以上的为可燃品。在储存使用中禁止将油品加热到它的闪点，加热的最高温度，一般应低于闪点 20 ~ 30 ℃。根据可燃液体的闪点，确定其火灾危险性后，可以相继确定安全生产措施和灭火剂供给强度的选择。

2. 开口闪点和闭口闪点

同一种物质，开口闪点总比闭口闪点高，因为开口闪点测定器所产生的蒸气能自由地扩散到空气中，相对不易达到闪燃的温度。通常开口闪点要比闭口闪点高 20 ~ 30 ℃。

3. 混合液体的闪点

纯组分可燃液体的闪点，可以通过查阅文献资料来获得。但是随着化学工业的不断发展及化工产品的多样化，许多行业在实际生产中却常常大量使用混合可燃液体，例如：油漆、涂料、冶金、精细化工、制药等。这些行业场所的危险等级都取决于混合液体的闪点，而混合液体的闪点随组成、配比的不同而变化，很难从文献上查得。需要实际测量混合闪点，为研究其变化规律提供依据。重质油使用过程中，即使混入少量轻组分油品，闪点也会降低。

可燃液体与可燃液体混合后的闪点，一般低于各组分闪点的算术平均值，并接近于含量大的组分的闪点。可燃液体与不可燃液体混合后的闪点，闪点随不可燃液体含量的增加而升高，当不可燃液体含量超过一定值后，混合液体不再发生闪燃。

【实验装置和实验器材】

该实验主要的实验装置包括：VKK3000 型开口闪点全自动测定仪和 VBK3001 型闭口闪点全自动测定仪，其工作原理如下所述：

（1）VKK3000 型开口闪点全自动测定仪按照 ASTMD92（GB3536）、GB/T 267-88 方法规定的升温曲线，由 CPU 控制加热器对样品加热，蓝色 LED 显示器显示状态、温度、设定值等，在样品温度接近设定的闪点值时（低于设定值 10 ℃），CPU 控制电点火系统自动点火，自动划扫。在出现闪点时仪器自动锁定闪点值，同时自动对加热器进行风冷。

（2）VBK3001 型闭口闪点全自动测定仪按照 ASTM D93、GB/T 261-83 方法规定的升温曲线加热，气点火时在温度接近闪点值时微机控制气路系统自动打开气阀、自动点火，当出现闪点时，仪器自动锁定显示，打印结果，同时自动对加热器进行冷却。电点火时无须使用气源和气路系统。

该实验还需要实验器材包括：机械油、煤油等可燃液体以及烧杯、量筒、搅拌棒、清洗布等。

【实验步骤】

（1）开机准备，检查所有连接是否正确无误，然后打开电源开关。

（2）接通电源后，仪器测试头自动抬起，按显示器提示进行设定。

（3）首先进入"方法选择"，根据实验具体要求进行 D92、GB 267（D93、GB261）和预测试的选择。

（4）"预置温度"设定，按"△"或"▽"键设定温度，完毕后按"确认"键返回主菜单。

（5）日期设定、大气压设定、打印设置等都按"△"或"▽"键设定，选择设置好后，按"确认"键回主菜单。

（6）混合液配比：选取两种样品，配置三种以上不同比例的混合液。分别测定其闪点。

（7）将样品杯用石油醚或汽油清洗干净，把样品倒入到杯中至刻度线，将其放入仪器加热桶内。在主菜单中选择"测试闪点"并按"确认"键，测试头自动落下，测试开始。

（8）当出现闪点时，测试头自动抬起锁定显示、报警，并打印结果。如果在测试中需要终止实验，可按两次"确认"键，即结束实验。

（9）当样品温度预置过低或样品温度过高时会自动结束实验，并在"状态"栏中显示"预置过低"或"样温过高"。当样品试验温度超过预置温度 50 ℃未发生闪点时，仪器会自动终止实验。

（10）测试完毕，待仪器冷却后，更换样品，按"确认"键进行第二次测试。如需更改仪器设置，可按"△"或"▽"键，返回主菜单进行更改。

【实验数据记录与结果处理】

记录两种纯样品，以及配置的混合液的开口闪点和闭口闪点（见表7-1）。

比较纯样品和混合样品闪点，作出曲线图，得出变化规律。

表 7-1　试验数据记录

气压：101.3 kPa　　　　　　　　方法：GB 267（GB 261）

序号	预置温度/℃	煤油体积分数/%	机油体积分数/%	开口闪点值/℃	闭口闪点值/℃
1	170	0	100		
2	80	20	80		
3	70	50	50		
4	60	80	20		
5	50	100	0		

【注意事项】

（1）仪器因有点火装置，须在通风橱内操作（不要开风机），防止外部气流造成测试误差。

（2）温度传感器由玻璃制成，使用时不要与其他物体相碰。

（3）每次换样品都要将样品杯清洗干净，加热桶内不要有其他物体放入，否则将无法进行实验。

（4）测试头部分为机械自动传动，切勿用手强制动作，否则将造成机械损伤。

（5）当仪器未能正常工作时，要及时与指导教师联系。

【思考题】

（1）理解闪燃、闪点的概念和测量闪点的意义。

（2）理解开口闪点和闭口闪点的区别和联系。

（3）找出混合液体开（闭）口闪点的变化规律。

实训二　常见消防设施器材

【实训目的】

（1）掌握常见灭火器的使用方法。

（2）了解消火栓的工作过程和使用方法。

（3）掌握正压式呼吸器的使用方法。

一、灭火器

1. 手提式干粉灭火器

（1）使用方法。

手提式干粉灭火器使用时，应手提灭火器的提把，迅速赶到火场，在距离起火点 5 m 左右处，放下灭火器。使用前先把灭火器上下起颠倒几次，使筒内干粉松动，使用时应先拔下保险销，如有喷射软管的需一只手握住其喷嘴（没有软管的，可扶住灭火器的底部），另一只手提起灭火器并用力按下压把，干粉便会从喷嘴喷射出来。

干粉灭火器扑救可燃、易燃液体火灾时，应对准火焰根部扫射，如果被扑救的液体火灾呈流淌燃烧时，应对准火焰根部由近而远，并左右扫射，快速推进直至把火焰全部扑灭。

干粉灭火器扑救固体可燃物火灾时，应对准燃烧最猛烈处喷射，并上下、左右扫射，如条件许可，操作者可提着灭火器沿着燃烧物的四周边走边喷，使干粉灭火剂均匀地喷在燃烧物的表面上，直至将火焰全部扑灭。

（2）注意事项。

① 在室外使用时注意占据上风方向。

② 干粉灭火器在喷射过程中应始终保持直立状态，不能横卧或颠倒使用，否则不能喷粉

③ 在扑救容器内可燃液体火灾时，应注意不能将喷嘴直接对准液面喷射，防止射流的冲击力使可燃液体溅出而扩大火势，造成灭火困难。

2. 手提式二氧化碳灭火器的使用方法

使用时，可手提或肩扛灭火器迅速赶到火灾现场，在距燃烧物 5 m 左右处放下灭火器，灭火时一手扳转喷射弯管，如有喷射软管的应提住喷筒根部的木手柄，并将喷筒对准火源，另一只手提起灭火器并压下压把，液态的二段化碳在高压作用下立即喷出且迅速气化。

二、消火栓

1. 室内消火栓的操作方法

发生火灾时，应迅速打开消火栓箱门，紧急时可将玻璃门击碎。按下控制按钮，启动消防栓，取出水枪，拉出水带，同时把水带接口一端与消火栓栓口连接，另一端与水枪连接，在地面上拉直水带，把室内栓手轮顺开启方向旋开，同时双手紧握水枪，喷水灭火。

灭火完毕后，关闭室内栓及所有阀门，将水带冲洗干净，置于阴凉干燥处晾干后，按原水带安置方式放在栓箱内。

2. 室外消火栓的操作方法

（1）将消防水带铺开。

（2）将水枪与水带快速链接。

（3）连接水带与室外消火栓。用室外消火栓专用扳手逆时针旋转，把螺杆旋到最大位置，打开消火栓。

3. 注意事项

（1）室外消火栓使用完毕后，打开排水阀，将消火栓内的积水排出，以免结冰将消火栓损坏。

（2）DN100、DN150 出水口专供灭火消防车吸水用。DN65 出水口供连接水带后放水灭火用。当使用 DN100、DN150 出水口时，必须将两 DN65 的出水口关闭。同理，使用 DN65 出口时，必须将不用的出水口关紧，防止漏水，以免影响水流压力。

三、正压式空气呼吸器

空气呼吸器是消防及抢险救护工作时必备的安全防护设备，其使用需要按照规范程序进行，才能够保障消防抢险工作的安全性。呼吸器在使用前应做好以下准备：

（1）检查空气呼吸器各组部件是否齐全，无缺损，接头、管路、阀体连接是否完好。

（2）检查空气呼吸器供气系统气密性和气源压力数值。

（3）关闭供气阀的旁路阀和供气阀门，然后打开瓶阀开关，将全面罩正确地戴在头部深吸一口气，供气阀的阀门应能自动开启并供气。

（4）检查气瓶是否固定牢固。

使用时需按照以下方法进行。

1. 佩戴呼吸器

从包装箱中取出呼吸器，检查系统的完整性；检查气瓶压力，观察瓶阀上压力表的读数。如果配备的是不带表瓶阀或自锁瓶阀，打开瓶阀，观察呼吸器具上高压表的读数；使气瓶的平地靠近自己，气瓶有压力表的一端向外，让背带的左右肩带套在两手之间，两手握住背板的左右把手，将呼吸器举过头顶，两手向后向下弯曲，将呼吸器落下，使左右肩带落在肩膀上。拉下肩带使呼吸器处于合适的高度，也不需要调得过高，只要感觉舒服即可；插好胸带，插好腰带，向前收紧调整松紧至合适。

2. 检查报警哨的报警性能

确保供气阀是关闭的；打开气瓶阀约半圈，观察压力表，待压力稳定后关闭气瓶阀；报警性能检查：用左手的手心将供气阀的出口堵住，留一小缝，右手轻压供气阀的排气按钮慢慢排气，观察压力表的变化，当压力下降到约 6.5 MPa 时，应减小排气量，注意观察压力表，同时注意报警哨声响，报警哨应在（5.5±0.5）MPa 之间发出声响；检查好报警性能后，打开气瓶阀至少两圈。

3. 佩戴面罩并检查佩戴气密性

拿出面罩，将面罩的头带放松；将面罩的颈带挂在脖子上；套上面罩，使下颌放入面罩的下颌承口中；拉上头带，使头带的中心处于头顶中心位置；拉紧下面两根头带至合适松紧，注意拉紧方向应向后；拉紧中间两根头带至合适松紧；拉紧上部一根头带至合适松紧；检查佩戴的气密性：用手心将面罩的进气口堵住，深吸一口气，如感到面罩有向脸部吸紧的现象，且面罩内无任何气流流动，说明面罩和脸部是密封的。

4. 连接供气阀，进入工作现场

将供气阀的出气口对准面罩的进气口插入面罩中，听到轻轻一声卡响表示供气阀和面罩已连接好；深吸一口气将供气阀打开；呼吸几次，无感觉不适，就可以进入工作场所；工作时注意压力表的变化，如压力下降至报警哨发出声响，必须立即撤回到安全场所。

5. 脱卸呼吸器

工作完后，回到安全场所；脱开供气阀：吸一口气并屏住呼吸，按供气阀的红色按钮关闭供气阀，右手握住供气阀并使阀体在手心中，大拇指、食指和中指握住供气瓶的手轮使其转动一角度，拉动供气阀脱离面罩。卸下面罩：用食指向外拨动面罩头带上的不锈钢带扣使头带松开，抓住面罩上的进气口向外拉脱开面罩，取下并放好面罩。卸下呼吸器：大拇指插入腰带扣里面向外拨插头的舌头脱开腰带扣；脱开胸带扣；向外拨动肩带上的带扣脱开肩带；抓住肩带卸下呼吸器。关闭气瓶阀。按供气阀上保护罩绿色按钮，将系统内的余气排尽，否则不能脱开气瓶和减压器。

6. 气瓶的安装、拆卸

安装气瓶：将气瓶塞到背板的气瓶带中使气瓶和背板竖直；将气瓶阀出口中心和减压器手轮中心对准；旋转手轮，将减压器和气瓶连接上。

气瓶的拆卸：观察压力表，确保系统内无压力，扳动气瓶带上的扳手松开气瓶带，旋转减压器上的手轮，脱开气瓶。

实训三　安全疏散

【实训目的】

火灾时，被困人员有烟气中毒、窒息以及被热辐射、热气流烧伤的危险，或人们虽然未受到火的直接威胁，但处于惊慌失措的紧张状态（如影剧院、医院等公共场所发生火灾），有造成伤亡事故的危险，这都要求合理迅速地组织疏散，撤离火灾现场。建筑的安全疏散设计是否符合国家规范标准是能否安全撤离出火场的重中之重。通过本次实训，使学生加深对安全疏散相关知识的综合理解，掌握安全疏散设计的标准及要求。

（1）掌握常见安全疏散设施设置要求。

（2）掌握安全疏散基本参数。

（3）能够运用安全疏散相关知识进行建筑安全疏散设计。

通过查阅规范、搜索知网、图书馆等，对建筑的某一层进行平面调研。要求学生按寝室分组，对建筑的某一层进行安全疏散检验，包括安全出口宽度和安全疏散距离的检验，最终以 PPT 或 WORD 的形式讲解，包括如下内容：

（1）建筑概况简介。

（2）安全出口宽度计算。

计算结果与现场测量的安全出口的实际宽度进行对比；检验结果是否满足在允许疏散时间范围内。

（3）安全疏散距离验证。

现场测量该层建筑某一房间疏散门与最近的安全出口的距离，然后与规范规定进行对比，检验是否符合要求。

（4）结论。

【报告撰写】

（1）实训结束后，每个学生应提交实训作业。

（2）指导教师根据学生的实训作业、学生在实训过程中的态度以及遵守纪律情况等对学生的实习进行综合评价。

实训四　自动喷水灭火系统

自动喷水灭火系统实训装置是依据《自动喷水灭火系统设计规范》相关标准设计，该系统具有喷水灭火系统典型结构，能够完成火灾探测、火灾报警、现场灭火等演示性实训项目，同时还能清楚的展示喷淋灭火系统的典型设备构成和系统工作原理,通过该装置的操作学习，学生可以对楼宇中喷水灭火系统的结构有一个全面的了解，掌握建筑物内部主要灭火设备的应用，熟悉楼宇中湿式报警阀、水流指示器、压力开关等灭火设备的结构和原理，熟悉灭火系统的控制原理和工作过程。

【实训目的】

（1）认识自动喷水灭火系统的组成及各元件的外形和作用。

（2）掌握自动喷水灭火系统实训装置的基本操作过程。

（3）了解自动喷淋灭火系统各设备的工作原理，在系统中起的作用。

【实训内容】

自动喷水灭火系统实训装置为湿式喷水灭火系统，构成该系统的主要部件有：喷淋水泵、湿式报警阀、水力警铃、延迟器、压力开关、水流指示器、闭式洒水喷头、试验阀、火灾探测器、火灾报警器等设备。

1. 自动喷水灭火系统区域划分

（1）灭火区。

灭火区为两个区域结构设计，用于模拟建筑物内部的两个房间，靠近水泵房的为第一区域，模拟超市为第二区域；第一区域设有1个水流指示器、1个试验阀、1个玻璃球自动洒水喷头，第二区域设有1个感烟探测器、1个感温探测器、1个水流指示器、1个玻璃球自动洒水喷头。请在对象装置上找到相应的设备，熟悉其外观结构和安装位置。

（2）泵房区。

请在对象上找到相应的设备，熟悉其外观结构和安装位置。

（3）控制区。

控制区主要是湿式报警阀组，其中包含了湿式报警阀、信号蝶阀、延迟器、水力警铃、压力开关和位于上、下腔的两个压力表。请在对象上找到相应的设备，熟悉其外观结构和安装位置。

（4）主要设备应用功能说明。

2. 自动喷水灭火系统的组成

（1）消防喷淋水泵。

消防喷淋泵是对满足自动喷水灭火系统流量与压力的专用泵。

（2）湿式报警阀（见图7-1）。

湿式报警阀是一种只允许水单向流入喷水系统并在规定流量下报警的一种单向阀。

（3）水力警铃（见图7-2）。

水力警铃是一种全天候的水压驱动机械式警铃，能在喷淋系统动作时发出持续警报。

工作原理：水力警铃是由水流驱动发出声响的报警装置，通常作为自动喷水灭火系统的报警阀配套装置。水力警铃由警铃、击铃锤、转动轴、水轮机及输水管等组成。当自动喷水灭火系统的任一喷头动作或试验阀开启后，系统报警阀自动打开，则有一小股水流通过输水管，冲击水轮机转动，使击铃锤不断冲击警铃，发出连续不断的报警声响。

图7-1　湿式报警阀　　　　　　图7-2　水力警铃

（4）延迟器（见图7-3）。

延迟器是一种储罐式容器，安装在湿式报警阀与水力警铃之间，防止产生误报警。

（5）压力开关（见图 7-4）。

压力开关是一种简单的压力控制装置，当被测压力达到额定值时，压力开关可发出警报或控制信号。压力开关的工作原理是：当被测压力超过额定值时，弹性元件的自由端产生位移，直接或经过比较后推动开关元件，改变开关元件的通断状态，达到控制被测压力的目的。

（6）水流指示器。

水流指示器是装设在一个受保护区域喷淋管道上，他是监视水流动作的，如果发生火灾，喷淋头受高温而爆裂这时管道水会流向爆裂的喷淋头，流动的水力就会推动水流指示器动作（也是一个橡胶叶片置入在管道中），水流指示器是起水流监视作用，不联动其他设备。

图 7-3　延迟器

图 7-4　压力开关

（7）闭式喷头（见图 7-5）。

消防喷淋头用于消防喷淋系统，当发生火灾时，水通过喷淋头溅水盘洒出进行灭火，目前分为下垂型洒水喷头、直立型洒水喷头、普通型洒水喷头、边墙型洒水喷头等。

（8）试验阀（见图 7-6）。

试验阀也叫末端试水装置，是安装在系统管网或分区管网的末端，检验系统启动、报警及联动等功能的装置。

图 7-5　闭式喷头

图 7-6　试验阀

（9）声光报警器。

声光报警器（又叫声光警号）是一种用在危险场所，通过声音和各种光来向人们发出示警信号的一种报警信号装置。当生产现场发生事故或火灾等紧急情况时，火灾报警控制器送来的控制信号启动声光报警电路，发出声和光报警信号，完成报警目的。也可同手动报警按钮配合使用，达到简单的声、光报警目的。

【注意事项】

（1）在启动系统前一定要按照上面的方法依次检查系统的工作状态，保证系统启、停正常，同时水泵是正方向运转。

（2）严格按照实训步骤操作，否则可能造成水泵等关键设备的损坏。

（3）为保证人身安全，请将该装置外壳可靠接地。

参考文献

[1] 朱建芳. 防火防爆技术[M]. 北京：中国劳动社会保障出版社，2016.

[2] 中华人民共和国住房和城乡建设部，中华人民共和国国家质量监督检验检疫总局. GB 50016—2014　建筑设计防火规范[S]. 北京：中国计划出版社，2014.

[3] 中华人民共和国建设部，中华人民共和国国家质量监督检验检疫总局.GB 50140—2005　建筑灭火器配置设计规范[S]. 北京：中国计划出版社，2005.

[4] 中华人民共和国住房和城乡建设部，中华人民共和国国家质量监督检验检疫总局. GB50084—2017　自动喷水灭火系统设计规范[S]. 北京：中国计划出版社，2017.

[5] 康青春. 防火防爆技术[M]. 北京：化学工业出版社，2008.

[6] 霍然. 火灾爆炸预防控制工程学[M]. 北京：机械工业出版社，2007.